诸般不美好，皆可温柔相待

吴淡如 著

九州出版社
JIUZHOUPRESS

图书在版编目（CIP）数据

诸般不美好，皆可温柔相待 / 吴淡如著. —北京：
九州出版社，2016.1
ISBN 978-7-5108-4215-3

Ⅰ．①诸… Ⅱ．①吴… Ⅲ．①女性心理学－通俗读物
Ⅳ．①B844.5-49

中国版本图书馆CIP数据核字（2016）第031020号

本书原名《从此，不再勉强自己》，经作者吴淡如授权
在中国大陆地区独家出版发行。

诸般不美好，皆可温柔相待

作　　者　吴淡如　著
出版发行　九州出版社
出 版 人　黄宪华
地　　址　北京市西城区阜外大街甲35号（100037）
发行电话　（010）68992190/3/5/6
网　　址　www.jiuzhoupress.com
电子信箱　jiuzhou@jiuzhoupress.com
印　　刷　北京盛通印刷股份有限公司
开　　本　787毫米×1092毫米　　32开
印　　张　7.5
字　　数　132千字
版　　次　2016年4月第1版
印　　次　2016年4月第1次印刷
书　　号　ISBN 978-7-5108-4215-3
定　　价　38.00元

且行且努力，且行且珍惜

PART 1
不为什么伟大目标，只是努力做好自己

PART 2
静下来，听自己的声音

PART 3
用自己的节奏过生活

PART 1

不为什么伟大目标，
只是努力做好自己

不为什么伟大目标，
只是努力做好自己

无论如何，请帖，都是警钟。

刚开始以自己的名字收请帖，是同辈们的喜帖。

不到二十岁，就收到中学同学的请帖。在我长大的小镇，二十岁算早婚，但也还没早到太惊人。

我记得大学二年级时的暑假，开唯一一次的同学会，那一位班上最乖巧的女同学，已经带着两个小孩前来，大的那个已经蹦蹦跳跳的了。

入社会后，进入了抱怨薪水还来不及付红包的阶段。喜帖一张一张地飞过来，办婚礼的人都兴高采烈，还找不到理想的伴儿可以结婚的人心里难免有怨气："为什么就我一个人那么凄凉，那个对的人到底在哪里？"

然后，很快地，第一张白帖，在中年之前翩然而至。

刚开始是好友的父母、亲戚的父执辈的白帖。

然后，长辈的状况越来越多。如果白帖是死神送来的警钟的话，到了中年之后，这些连续的刺耳声响，已经让我们疲惫、习惯到不再惊慌的地步。最刺痛的那一声来自最亲近的人。

我们终究会让自己明白，再怎么一生平顺，这是逃不了的。

紧接着，另外一种的第一张白帖，才真的狠狠地扎了我们的心一下。

它竟然来自与自己同年龄的人。

出于事故或出于疾病。当我们还在为现实生活的种种忧烦时，他悄悄地先行离去，不再困扰了。

有的白帖并没有具体寄来，但听一次唏嘘一回。

人生迈入下半段之后的同学会，每一次，都会听到各式各样的故事：

有人告诉我，高中时那个田径社里最高最靓丽的女孩订婚后的第二天，在美国加州发生了车祸，再也听不到情人的叹息。

大学时那个笑声爽朗的隔壁班同学在欧洲念博士时，某一天发现自己站不起来了，一检查原来是骨癌，从此没能再行走，久久沉睡在异乡。

念研究所的学长，不过四十二岁，某上市公司财务长，有一回加班晚归，泡了个澡，过劳的他被发现时已无气息……

就算我们想要跳过这些故事，不想听见那一步一步逼近的警铃声，我们都无法忽略：人生，譬如朝露，去日苦多，而忧思难忘。

而成熟后的我们，多数无法宣泄也无法来得及思考，仍被忙碌与疲倦困住。

有一天我忽然悟到：其实告别并不可怕。

可怕的是有一天我们要想念我们的记忆。

有部获得奥斯卡最佳女主角奖的电影叫《我想念我自己》，说的就是一个明明很聪明的女人，什么幸福都拥有，却要面对自己

渐渐失去记忆的故事。

几个朋友都说，那是一部恐怖片。

因为我们已经开始：忽然会忘记自己刚刚在找什么；明明自己记得要做什么，如果没有写下来，就会变得绞尽脑汁也无从追忆；明明记得自己把它收起来了，却翻箱倒柜找不到那个东西；更严重一点的是，出门忘了自己开着瓦斯在煮水……

不管我们企图装得多么年轻，而所谓医美和回春科技如何进步，我们身体中某些过去不被视为重要的功能已渐渐消失，直到它离去我们才发现它还真的很可贵，也只有在它们逐渐远离之后，我们才想到要再珍惜一会儿。

我不想只强调失去。

失去是必然，强调，未必有意义。

在逐渐失去中我们也逐渐得到。

失去的东西或许很具体，而得到的东西或许很抽象。

最近，与我共事过的一个女生，前往日本求学，她在互通的通信软件上 PO 文：二十五岁，祝我自己生日快乐！感慨良多！虽然我老了一岁，但感谢这一年所获得的一切！

这一年，她离开了工作和男友，一个人到日本求学，我常常看到她的活动记录。这是她真正离家生活的第一年，一个人在异地打工，有时很想念男友，有时很想念台湾小吃，有时自顾自说着"前途茫茫，只有自己为自己加油"之类的话语。

身为一个"奋斗过来的长辈"，我常会在她沮丧时留些话，有时鼓励她："你好棒！"有时在她沮丧时砥砺她："喂！拜托有点出息……"我悄悄在她的空间上留言："生日快乐！我感慨也良多。真羡慕你的二十五岁，虽然，我一点也不想活回去。"

年轻当然好，但是活回去，想来就累。

二十五岁的时候，我自以为什么都知道，其实很无知。虽然很努力，但一直在挣扎，不知道自己会成为什么样的人，该做什么工作。我的骄傲里头藏着一些自卑，我的自信里头藏着好多茫然，我既反抗却又想要讨好许多规范，拥有很多青春却不知道自己该怎么花用……

我是个很早就在想这辈子到底是要来完成些什么的人，不过，如今细数来，自以为聪明也蛮爱装聪明的我，在二十岁至三十岁间，做的蠢事还真多，几乎所有人生的重大决策都没有做对过。在感情上也飘移不定，其实每个选择都不曾让我快乐。

二十多岁时的我，在跟自己晴时多云偶阵雨的个性抗争，倔强、

叛逆但并不坚定和坚强。

　　是的，我真的不愿意回去了，如果要我的脑袋回到那时的混沌和糊涂，就算当时有张没有皱纹的脸，有副没有肥肉的身材也不愿意。

　　但是话说回来，现在的我，就算没有让自己太满意，至少，千锤百炼后也变得比较坚定成熟。现在的我是将许多旧日的错误决策改正又改正后的、一个还可以接受的版本。

　　那些错过的路还是有意义的，虽然……有的意义不大，付出的代价很多。

　　如果把人生看作是一段旅行，我们的人生还真的找不到GPS。就算当时有人明确给你地图，也可能在后来发现他根本就指错路。

我唯一可以庆幸的是，走错的路，跌过的跤都是我自己搞的，我招惹的，怨不得别人。

跌跤是功课，爬起来也是；经验是成长，教训也是；勋章是荣光，而巴掌或许也是；疤痕并不美，但必须值得。

我大概在十岁之前就开始用自己的小脑袋想："这辈子到底是要来完成些什么？"如今再问自己这个问题："这辈子，你到底是要来完成些什么？"

我的回答会比二十多岁时没出息些。

"该做的，以我能力可以做的，我都会去做；日后还将尽力用自己的方式活着，还是做不到的，就算了。"

还做着自己可以期许自己的事情。

成熟之后最好的权利就是，可以不要再听任何长辈的期许。长辈，我就是。那些比我们年长的长辈不多，再有控制欲也要应付自己的衰颓，不能再当军师。

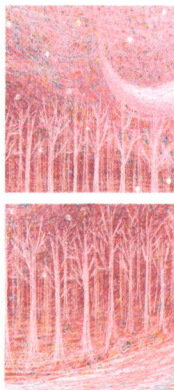

一个人究竟能做到什么呢？

想来其实很少。如果能活得有点颜色，那也是因为你做着自己想做的事情。不管你想做变量，还是做常数。

不管你做多少活，觉得自己多伟大，是非功过，都不是你可以下定论的。

怎么说呢？让我们想想中国历史上所有女性中最大的一个变量武则天吧。念研究所时上唐代文学，碰巧专程为她写过"新旧唐书关于武则天记载"的研究报告，《新唐书》比《旧唐书》多说了她许多坏话，比如，加了她自己弄死女儿来陷害王皇后之类。

她统治过一个广大王朝五十年，她睥睨了所有男人的聪明才智，压倒了所有女人的心机斗争，她对传统的看法不屑一顾……六十多岁后，她当了皇帝，在那个封建时代里，完全是个前无古人后无来者的、只要得到了一分权力就实践自己梦想的大大惊叹号，在古代的女人里绝对算是外星人等级。

去世后，不过留下一个无字碑。无字碑，很有意思，姑且不论历史学家怎么推论，最可爱的一个解释就是：

"我不想自己说些什么了，反正你们会一直说我，管你们怎么说我，我根本不在乎，本人这一辈子的是非功过，随便你们评头论足，去、去……"

我喜欢这个解释。

其实所有人一生的碑铭，不管上面刻多少字、写得多夸张，都是一面无字碑。你有你的观点，别人自有别人的看法。

你还管那么多人说你？其实你并不重要，再显达也不过是别人嘴里的巷议街谈一条。

她已是历史中如跨年烟火般的绚烂人物，我们，再亮眼也是小冲天炮一支。

那这辈子到底要完成什么？

如今，我还是偶尔会想想这个问题。心里很明白，看似我完成了很多，其实完成得很少。所完成的事都没什么太了不起的，再怎么燃烧自己，也是无月之夜中一点微小萤火，转眼就熄了。

我最近比较容易为小事而感动。

来说说一位八十岁左右的老先生吧。他出现在我常出现的地方，我看他看了一年多。看过他很多次了，在我家附近小学练跑的操场上。

他一跛一跛挂着拐杖往前，和我一样绕圈子。走得很吃力，看这光景，我马上明白，他应该在不久前中风过，有一条腿不太能动。

他一个人在复健。

走累了，他会在司令台旁的阶梯上坐下，听广播。老人家耳背，广播开得很大声，听得出主持人说话腔调和本地大不同，应该是北京中央电台的广播节目。

光凭这一点，大致可以推算，他应该是当年来台的老兵，已在本地落地生根，娱乐就是听听老家来的声音。他这一生，兵荒马乱的艰苦应该少不了。

他只是一个很常见的孤独老人，不同的是，他就是不肯让自己被中风一路摧枯拉朽地击溃，他还想要恢复"靠自己"的功能。

我偶尔才在那个操场练跑，每次都看到这位老伯伯，可见他几乎每晚都在那儿走。

某一天，奔跑的我忽然仔细打量起慢慢走在前头的他，我注意到，他，真的变好了，虽然还是挂着拐杖，但是，那佝偻的样子不见了。

也不再有一跛一跛吃力的感觉。

速度似乎也快多了，不会让人马上联想到"中风"二字。

这个背影让我自顾自地感动起来：

不管他在什么年纪，他还在奋斗些什么，还想让自己过得好一点。

不为什么伟大目标，只是努力做好自己。

人生到底要完成什么？

完成什么已不重要，不是自己所能强求，所能定义。

但不容自己被绝望捕获，只变成一个哀怨的命运囚徒。

是的，人到一定时候，就无法侈言伟大梦想，但仍可期许短暂光亮，至少还能感觉得到，在此生理状况一步一步走下坡路之际，某种内在的灵魂还在发光，还在 Do My Best！

不想要倒下去，还想要往前走，平凡的路也动人。

我们以为自己拥有的很多东西，只是借来用而已；我们所有的私人存折只有记忆，有意义的，只是那些走过的路，错路、对路。

事到如今，何其有幸，可以尽其在我，耐心地，听从自己的声音、按照自己的方式走下去。

且行且努力，且行且珍惜。

活下去，
是卑微又伟大的愿望

人生不会是"我的志愿"里写的那种简单的梦想直达车。不过，歧路也许更精彩。

像我这样的人，会进入演艺圈，是非常奇妙的机缘，因为这实在不是我的志愿。当明星，我没有过人的资质。说学逗唱，从小不会；讲话也不太婉转，漂亮的公关话也学得不多……然后，来到这个行业谋生超过二十年，虽未恋栈，却也未离开，真是一件连我自己也不解的事情。

你问我喜不喜欢这个圈子？

我的确喜欢。虽然有人表里实在不一：就是有些人在荧幕上非常有观众缘，私底下却是各大电视台工作人员觉得最难搞最刻薄的人物；有些人满口道德热衷说教，但自己的私生活却是非全无；

有些人满脸赔笑，但永远迟到……但是大多数人都性情天真，都在想如何表现出自己的吸引力。

这圈子并不好待，要进入，外貌是入场券，但绝不是通行证。不管你处于何种状况，只要光一打，人人都必须笑脸迎人；不管是不是苦笑，或者，强颜欢笑。当然，真心喜欢自己的工作并且站在顺风处时，也可以开怀大笑。

开怀大笑完，遇到逆风呢？

往往就是忍受嘲笑。

高峰与低谷，比正常人的人生摆幅大得多。心脏要够硬，抗压力要够强。就算处在"天下皆欲杀"的下风处，还是要想着如何逆转胜。

能承受者才能长期生存。

这一行真是每个欢笑的背后，都有个咬着牙的坚忍灵魂。

不管身处哪个圈子，我们从小就被期待，自己也期待将来有一份风光的事业。

可以谋生，而且风光。

在这个圈子看尽各种起落，我对风光的看法已与少年时期不同。

　　还在同一个屋檐下，我不好非议任何人是非，我仅拿两位港姐明星的真实故事来说。

　　有一位港姐，在演艺圈十八年，一直演配角，戏有一搭没一搭，领的常常是电视台的基本薪水，十八年后她受不了这要明不明要暗不暗的日子，干脆开起鱼蛋店。在路边租个小店面亲自卖鱼蛋和卤串，从早晨忙到半夜，她说："没什么见不得人的，光鲜又不能当饭吃，靠自己谋生，日子过得充实。"

　　另一位曾是港姐冠军，演艺生涯也曾风光无限，但因年纪渐长，未婚生女后，没有什么工作机会，只好到各大夜总会担任主持，还要见缝插针地推销啤酒，记者嘲笑她沦为啤酒促销小姐，她说房贷

与女儿的教育费、才艺费，每个月几十万开销。

新闻标题都不好听，记者的写法就是要人们看了这样的新闻，想的是"你昔日如此美艳，也有这么苍凉的一天"。但我对她们如此坚韧求生，却是由衷敬佩。

我的想法是：当明星可以是生存之道，卖鱼蛋和卖啤酒也是生存之道，没有谁比较高贵的问题。做得地道最重要。

我唯一有意见的，是为她每月的几十万开销叹息，就算是在香港，单亲妈妈养个女儿，哪里要花那么多钱？与其什么都给女儿最好的，不如让她共体时艰，让她看见妈妈为了生活多么努力，别自己苦个半死，却将孩子的眼蒙在糖里。生活是最好的教材，适应环境是最好的训练，打肿脸充胖子，可惜。

豪宅可以卖掉换小，孩子也可由贵族私校转公校，好孩子终究还会是好孩子，重要的始终不是身份地位，而是性格。

卖鱼蛋、卖啤酒是想要拥有主动工作权，不想再等。等，是一个把人往下拉的焦虑旋涡，直到生命变成一抹不确定也不实际的烟痕。

谁不期待着一堵"进可攻，退可守"的好门？谁不想要扎扎实实的存在感？所有拿人薪水的上班族，都想。人们想学投资，想考证照，想另有一技之长，不也都是为了寻求某种谋生的出路？

话说港姐，是跻身港星与进入豪门的最佳阶梯。如果没有在这两条路上发光，常会被人嘲笑为"落魄凤凰不如鸡"。

但如果一直在意别人对你的看法，那么，恐怕一辈子都要戴着一个似笑非笑的假面。

若已时不我予，若已繁华落尽，端着一个空架子，自以为体面，别人也看得出其中的虚无。

求生是一种美学。若是正业，就没什么见不得人的，就不要管别人怎么说！付出劳力，赚取应得的报酬，就是美德。

我最不想失去的权利，是我可以自主选择的主动权，没有什么脸放不下来的问题。

我尝试过一些离开风光的考验。比如几年前刚开餐厅时，因为缺人，自己在周日必须站着烤八小时的松饼，忙得没时间吃饭(好处是瘦了)。我妈的朋友很难过地说："真不想看着你从才女变下女。"呵呵，其实，我非常兴奋，只要能做不算我专长的事，我都有一种难以掩饰的兴奋。烤松饼并没有比写文章或做节目不快乐，还可以实时地看见别人满足的表情，这是我到现在越来越喜欢煮菜的原因，那种心情和我看到我可以为你做些什么，而你也喜欢我做的一模一样。

我最不爱听到"你不怕别人怎么看你？"的类似规劝。请仔

听从自己的声音、按照自己的方式走下去。

认真做某件事的本身，就会产生源源不断的乐趣。

细观察，这种话，通常出自那些很爱人云亦云的人嘴里。

他们一辈子按照别人的价值观活着，没有火花，不爱起伏，怕未知，也怕你离开他们已经为你设定好的单一形象。

我总会提醒，我的人生，用女性平均年龄来算，已经过了一大半，或五分之三。是的，我觉得人生中最无聊的事，就是一直在意着谁谁谁怎么说，特别是那些你根本不认识、在你生命中无足轻重的路过者。

你是谁？我为什么要在意你怎么说？我们的感觉只能自己领会，我们的苦乐只能自己品尝。

日子踏实，心里充实，人才会自在。

我从少年时候就很喜欢王维的两句诗："行到水穷处，坐看云起时。"

没有人生历练的时候，只是觉得这两句诗的抑扬顿挫很美。

活到现在，这两句诗忽然在心里又苏醒了过来。

遇到挫折时它是很好的镇静剂。

当你觉得走到某一条路的尽头时，好像把路走完了，这时不妨静心以待，人生或许会看到另外的壮阔风景。

不管做什么，都是人生经验。

如果你不在意别人的眼光，只要是努力过的求生过程，都有苦有乐，无贵无贱，都有尊严。

我记得以前看过的一个战争故事。一个母亲不得已，在战乱中为了孩子能生存，狠心把他交给陌生人带走，分别前咬着牙对孩子说："孩子啊，记住，要活下去！最重要的是，要活下去！"

活下去，在每一个时代里，都是卑微又伟大的愿望。

活下去，然后努力活得好。

别在意别人如何看你，你只要在意你自己。

感觉自己活着，依照自己的指令活着。

做一点实实在在的
小事

很多人看到所谓的作家，都会以为，这种人应该活在想象的世界里，和现实世界有一层透明薄膜隔着，不食人间烟火之类。

我也曾经这么以为。

从这一点来看，虽然晴耕雨读这么多年，我始终不是一个真正的作家。

不是，也很好。

人本来就不应该被一种头衔监禁。

生命中最有趣味的事情，就是发现自己其实还有别的可能。其实，可以不必按照原来的轨道那样千篇一律地活下去。

"我觉得我不应该每天挂在网上。"有一天，二十五岁的广播节目企制对我说，"我觉得我应该花时间在别的地方才对。"

"那么，你想做什么？"我问。

"我想我应该多花点时间想想人生问题。"她说。

"嗯，我觉得这也不对。"我随口说。

"为什么？不想也不对，想也不对？"

"不是这样的，而是花大把时间想人生问题也是一种浪费。一个还在徘徊的脑袋，思考回路是封闭的，是想不了人生问题的。你听过一句话吗：人类一思考，上帝就发笑？"

"那就是要我们不要想吗？"

"不是，而是不要想太多。如果我们的脑袋开发有限，比如说，不到百分之一的话，我们自己的脑袋就是一个迷宫，你越想，越会变成一只焦虑的迷宫老鼠。"

感谢吕克·贝松导演，拍了一部脑袋不小心开发了百分之百的科幻片《露西》，让解释这件事情变得容易。

"我懂了。但想也没用，不想也不行，要怎么做？"

"我自己的做法是，面对很大的困惑或人生瓶颈时，如果已经想出了最佳方案，那么就去做，不要去想做得到做不到的问题；就算做不到，我也不会是一只在小迷宫里又着急又彷徨的老鼠。就算最佳方法是错误的，至少我们也试过了，可以长一些智慧。

"如果怎么想也想不到什么最佳方案的话，那么你就去问那个行业里看起来比你聪明或应付过难搞关卡的人，如果连那样的人也找不到……或许那件事情根本不是你现在可以解决的，那么，与其耗很多时间光想，或问那些比你更彷徨者的意见……你不如让自己的脑袋离开那些问题，去做一些小事。"

一些看起来好像不太相关的事情，却可以身体力行，让你不再觉得是那么缥缈的事情。即使是看起来风马牛不相及的事情，或天外飞来一笔的事情，只要实在地做，将你的虚化为实，乱变成定，忽然之间，就会找到打开沉重门扉的钥匙。

总是这样的。

举个简单的例子，就像失恋了之后去旅行，忽然想开了：那个人其实没那么好，对自己的生命来说，或许不是阳光而是乌云。

其实是因为，你真心想要想开，想脱离一下原来的轨道。你就不再是一只受困于迷宫的老鼠。

迷宫是我们的脑与视野，老鼠是意识与感觉。

失恋和旅行其实完全没有关系。

但是，一个离开原先轨道的决定，就是上帝给的另外一卷藏宝图。你可能找到你要的东西，或其他本来没见过的宝藏，或是，你自己。

从我的孩子在保温箱里，是一个小到不行的早产儿的时候，我就发现，她有个特质和我很像，就是她仿佛总是用脑袋瓜在想些什么。有时，发着呆，专注某件事，仿如离开现实，根本听不到旁边的声音。

没办法，基因嘛。

那时她是一个手掌大，皮肤接近透明，连血管都看得到的可怜小孩。脸很消瘦，好不容易脱离危险期，以保温箱代替子宫抚育。

她花了两三个星期才睁开眼睛，刚开始应该看不到什么东西。

慢慢地，长到了将近九个月的时候，应该还只能算是胎儿的她，似乎可以看到些什么。

她的眼睛骨碌骨碌地转啊转的，某医师说："她看起来很聪明，眼睛那么灵活。"

我谢谢他安慰我。

提早面世的她在想什么呢？还是，那只是脑部运作的一种外在呈现呢？眼睛和大脑是否有互动关系，这只有脑神经科专家能够解答。

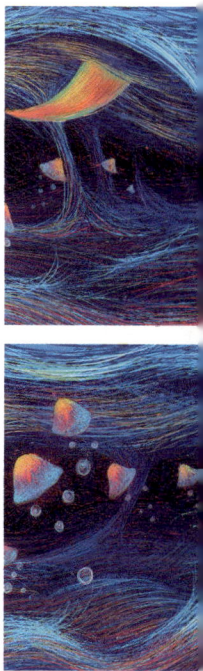

　　和聪明可能没什么关系，我从小就是个想太多的小孩。自己一个人静静坐着，可以想很久，仿佛跟心中的另一个人在对话一样。眼睛转啊转，不管外面的世界如何喧哗，就这样，像跌进树洞的爱丽丝一样，进入了自己的世界中。

　　恍恍惚惚，好像有两个人在自己心里辩论着，即使外头很安静，我自己的脑子里也可能很吵。

　　大概是靠这种能力，才能打发掉很多无聊的课程，乖乖坐在课堂里吧。现在我只要听到被抱怨上课不专心的小孩，我都很同情他们。有些孩子需要你给他多一点吸引力，才能专心，不是吗？自远古以来大自然中的生物，只要太专心，就会有危险，专心并非来自人类本性。我的成绩虽然一路都还可以，但是，我听得进去的课不多，有时我真希望，那个老师明白自己到底想要教些什么。

想象世界无限宽广而美妙，可以编故事给自己听，一个人也不觉得寂寞。我很擅长一个人旅行，和自己相处，自己思考任何问题。

不过，这种凭自己的脑子独自蛮干的精神，在我的脑力开发尚不足够，而人生经验还不太丰富却又遇到人生关卡时，就不会很美妙了。

我其实是个很犹豫的 A 型，会为了要不要去毕业旅行这件小事，想两天。遇到想不通的事，或让我觉得"这样做不公平""这个人为什么要这样对我"的事，我会坐在那儿一动也不动，只转动我的眼睛，像卡住了一样。卡住的时候，最会被愤怒和怨恨充满，像个快要爆炸的轮胎。

直到有一天，大概也还是要等到经过很多事情之后，我终于悟到"有些事不是你五分钟想得完的""有些事，都这样了，认都认了，别再想了"和"气死了自己反而让亲者痛仇者快，实在划不来""多行不义者夜路走多了总会撞到鬼，不需要你亲自动手来给他教训"以及"有些事情如同热油，想太多会烧伤自己，搁在一边便凉了也就不足为害"。

这些简单而通俗的话，没什么高深哲理，却都是我脑海中经常出现的可以四两拨千斤的对话。

当我不再是个为小事彷徨的 A 型，我终于学到一种镇定，也拥有了内心的安宁。

某一次，因为一个某报记者创造出来的新闻，我的手机里塞满未接来电通知。还有记者开着 SNG 车到处找我，看我要怎么反应（我们有句玩笑话说，看谁倒霉，最怕出事的那天没新闻，那么小新闻也会变大新闻）。

我那时正在考"美国吧台咖啡师"执照，当下也不免为那凭空而来的新闻焦躁心慌，像着了火一样的脑子焚烧了十分钟后，发现"热油放久也会变冷，变冷之后就烫不伤我"还是最好的处理原则，于是，我继续在咖啡教室里煮意式咖啡，继续进攻那实在很难拉的拿铁拉花。本来让我觉得是人生一大考验的拉花技巧，忽然变成一个非常棒的脑袋休息站。我开始爱上做拿铁拉花这件事。

就在最纷乱时，第一个完美的心形成功了。

洞外有老虎，山中自安宁。做一个总是要被各种风言风语乱吹的工作，还真的得"八风吹不动"才不会得什么精神疾病。

年纪大了之后，人生困难渐少，才怪！那当然是心理上的感觉。刀山油锅里都去过之后，自然觉得被划一刀敲一棍，不算什么，呵呵。

人生问题渐少，因为不会被问题困住太久。换句话说，不再"鬼挡墙"兜圈子了。

就算困住，那么，也放自己一条活路——去做一些很小的却让自己感觉很实在的事。

无关的事也好。想不通就别想了，我会让自己去跑步，跑个五千米，大汗淋漓，还可以减肥。

烦，洗个衣服，看干干净净的衣服在阳光下被风吹得舒畅。

半夜睡不着，起床炖锅牛肉（这可能是我常在半夜做菜的真正原因，并非惧怕台湾食品市场中屡出问题的黑心食品），第二天我心中的那个硬块也会一起被电锅焖熟。

做节目，有些委屈，那就回家写一篇稿子吧！写文章时，唯我独尊，自己主宰一切，转换了心情与角色，就没什么苦好诉了。

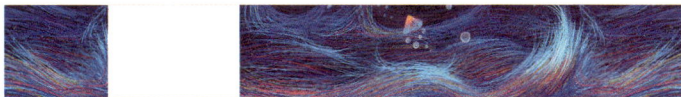

倒霉，不顺，就买一盆绿色植物种阳台，拔草施肥，改个运来。

研究一下国际金融市场及房地产，是我的业余闲暇娱乐，同时也可以稳定工作一天后疲惫久站的脚与不断说话的舌。或者，看本书。

我做的事向来多，但这些实实在在的小事，都在帮助我建立一个自给自足且循环良好的小世界。

九十岁的日本建筑师津端修一说："真正富裕的生活是活动自己手脚的生活。"

是的，实实在在地，做一点想做的小事情。

它让我感觉自己的确扎扎实实地活着，平平安安真实地活着，在这任何烦恼都像被风扬起小细沙的浩瀚宇宙。

就算在宇宙中我还是一只迷宫老鼠，我也不要当乱撞得头破血流的那一只。

人生不管选择哪条路，
都要看脸色

　　有件事情，凡活着、凡有意识的人都会觉得难过，就是看脸色。不过，很多人却也不知不觉难过了一辈子，因为期待着有一天，会媳妇熬成婆。

　　问题在于时间有限。

　　而难过久了，会迷恋上那种难过。因为看脸色的时候，尽管动辄得咎，但是还有可以遵守的"法则"。

　　多年后的聚会，意外见到昔日好友芳。

　　上一次见她，已是二十多年前。

　　大家都变了很多，芳变成一个贵妇，她刚打完高尔夫球，赶来聚会。

闪亮亮的钻戒与钻表，说明了她的日子过得富裕。

"你们都有工作哟，真好（这一句话听来有些客套）。大学毕业的前一个月，我就怀孕了，毕业第二天，是黄道吉日，就嫁人了。"然后，增产报国，孩子都快从研究所毕业了。她毕业自最好的高中和大学，也颇具姿色，坦诚从小努力念书就是为了一张很漂亮的学历证明，以嫁入豪门，想办法为工人家庭脱贫。

"不工作很好啊，如果我夫家有钱，我也不必工作呀。"这也是应酬话。另一位当老师的同学感叹："我们混到现在，不知看了多少脸色。"

"我看的没比你们少。"她笑说，"我婆婆觉得我们家家境不好，是高攀他们家，没少给我脸色看。还好我家附近有家百货公司，我常推着婴儿车在那里混一整天。我这人呀，别的长处没有，就是擅长忍耐。脸色呀，当没看到就好了。"

如今公婆接近退休，丈夫已经获得主导权，大家说她已经熬出头。她摇摇头说："未必啦，老公也常给我脸色看，不过，我熬了这么久，铁定会熬下去。现在社会真的有问题，离婚率那么高，其实别想太多就忍下去了，我呀，是死也不会离婚的。"

仍然是面带微笑的话。啊，此婚姻 EQ 段数之高，那些口口声声讲 EQ 的专家反而没有人做得到。

座中当然也有离了婚的，听到这话，微微色变。我知道她没有什么拐弯抹角说别人的意思，她只是在一个不必忍耐的场合里，逮到了机会可以直抒己言痛切陈弊。

她这样的大义凛然，我，还真的静静地佩服了起来。好一句"我就是擅长忍耐"，这样的忍功，让我羞觉自己仍是"忍耐班幼儿园大班"学生（并非小班，因为我还是可以忍的）。

每每想到她的脸，我总想到佛家说的"忍辱须菩提"五个字。智慧啊智慧。

人生不管选择哪条路，都要看脸色吧。当公务员得看脸色，当老师也得看脸色，我们做节目主持人也要看脸色，当人家儿女、父母都得看脸色，只

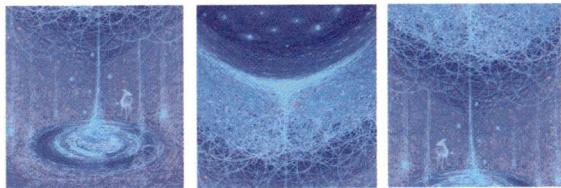

是你选择要看何种脸色，还有，要看到何种地步而已。

人家也不是故意给我们脸色看，但是，只要位有尊卑，只要有一群人，就算是非利益团体的同学也会给你脸色看或排挤谁。

看脸色是一门高深的学问。

为了某个目的，我们都得看些脸色。

奋斗到"终有一天熬成婆"，就是希望有点自主的权利，可以少看点脸色。

或者，已经懂得如何应对脸色、处理脸色。

我常听人开玩笑说："我什么都吃，就是不吃亏。"

不吃亏，因为吃亏会觉得委屈自己，心里不免有种被踩扁的感觉。

但在我看过的人中，不吃亏的人，却常不怕看人脸色。

甚或，看了大半辈子脸色，为的是想要不吃亏，想熬出头。

其实，大部分都不会熬成婆。

比如，为了薪水待在不喜欢的工作环境里并强迫自己要待到领一笔退休金的职员。因为不是真的很喜欢这个工作，没有热情，所以也发挥不了自己的才干。

最后变成一只只能在内心苦叫的羊，继续看脸色。

的确，我在"看脸色班"里的修行，目前真只能算是幼儿园大班。

虽然我是看脸色长大的。

小时候，万一家里长辈脸色不好，就算我五科都考一百分，皮也得绷紧一点。否则，还是会被台风尾扫到，那就活该倒霉了。

所以，我十四岁就希望能一个人离家到大城市读书。

不过，还是在看脸色。有一段时间寄宿在爸妈的友人家，一旦那个家里夫妻吵架没煮饭，我就只有一根水煮玉米可以吃。

因为常看脸色，所以小时候发誓，将来不想再看人的脸色过活。

我最怕"晴时多云偶阵雨型"（没规律可循）和"疲劳轰炸型"（就是要让你难过）的脸色。

有资格给人脸色看，但"晴时多云偶阵雨"、高不高兴都没有标准的人，自己恐怕也对人生方向莫衷一是——自己不确定，又想要主宰别人，情绪又常泛滥，所以如此。

而"疲劳轰炸型"，则出现在自我感觉良好，所以相对地对于管辖者有"恨铁不成钢情结"的人身上。

在我还是二十多岁上班族时，曾有某一年，因为我的一位朋友出国深造，我以兼差方式帮她管理一个小型航空杂志社的代编工作。

那位客户，确实是我职场生活中一个相当鲜明的角色。

何小姐（当然连姓也不可能写真的），四十多岁，身材纤细，面貌姣好，穿着品位也绝佳。

她就是疲劳轰炸的类型，只要杂志上有一点点小问题或出现一个错字，她就会要我们全体同人去谢罪和交代错误，三更半夜也骂。

骂得很文雅，不带一个脏字，但必然让人觉得自己应该趴到地上挖洞把自己的头埋起来。

骂得我们哑口无言。"我们……会……改进……"就算你这么说，她也会说："不是每次都这么说吗？这一次还有错字！"

有错字当然是我们的错。但她表示过不喜欢我，看能不能把我骂走。

总而言之，她就有办法把我叫过去一直骂。从来没有一声赞美，因为我从未达到她想要的标准。

然而,听她公司的同事说,她是长官眼中"温柔美丽的可人儿"。

一年后,我终于把该工作还给回国的友人。那年,我因此得了类似五十肩的毛病,肩颈僵到手举不起来。

追忆这件事,我无法为这段每天都怕被骂的一年评正分或负分。

说真的,如果知道会那么惨,我才不会去帮忙代这个班。

不过,我得承认,她也给了我很好的训练:扩张了我看脸色的能力。还有,我也会克制自己不要当骂不休的老板。若不是她骂人的脸老在提醒我,依我的个性,生气时也一样控制不了自己的脸色。只要我想要发挥一下自己的脾气,我总会想到她。

当然也感谢她提醒我:必须有能力将自己提升到可以有一份不要看脸色的工作。

我努力着。

不过说真的,脸色何其多。我后来发现了脸色是有变化版的。

即使是收视率最高的主持人,也在看观众的脸色。

就算是跨国公司大老板,也难免看一下世界经济景气的脸色。

就像爬山一样,越往上爬,风越大,险度越高。那股风还很抽象,不一定从哪儿吹来。

这些抽象的压力其实没有具体的看某人脸色的压力大。这些

无敌大压力，万一敌不过来，可能像项羽一样，潇洒地说："此天之亡我也，非战之罪。"他当然是有错的。不过，那时已四面楚歌，来不及反悔。为了不看脸色，他不渡乌江，自绝于江头。

很壮烈。

但我们不是英雄。

都不看脸色，除非，你"不玩了"。

所谓真正舒适快意的生活，应该是可以不看别人脸色的生活吧。

某一年，我辞去了一个一直在看脸色的工作。

你知道的，职场，总是要有人证明他比你强，就算要互助合作才能生存，也有人会因为你无心抢了他的风头，就暗暗给你排头吃。或许他也不是故意的，但我挨的闷棍从来没少过。

哑巴吃黄连，还要装笑脸来维持自己的所谓 EQ。嘿！还真不是正常人可以忍耐的。

有好几次，我挨闷棍挨到想要公然拂袖而去。

"但你已经是个成年人喽，这样非常幼稚也没有礼貌。"内在的声音总是尽责地提醒着我。

那个工作报酬优渥，不辞去的理由，说穿了也就是"不想在金钱上吃亏"，所以把脸色看下去，就像一个敬业的演员看到烂脚本也要拼了命演一样。

个中辛苦只有自己知道。

几年后，我辞职了。

再追忆这个工作，我其实非常感谢那段因为脸色而觉悟的日子。

我本来是个理财白痴，当年为了要离开这份工作，又不想失去很不错的薪水，才开始研究理财。

我暗暗发誓"等我有了……我就走"的那几年，自己在家默默掘井，研究如何投资和保本……研究了几年，分

配资金终于有些心得，终于享受了些财务上的安全感，我才走。

压力到底有多可怕？身体会知道。辞职之后，我的高血压降了很多。"忍"字头上真是一把刀。

那真是个可怕的循环：要看脸色的前一天，就开始担心；看完脸色的那天，你含辛茹苦；第二天则用来排掉不愉快的闷气。一个礼拜才七天，扣扣减减，有六天笑不出来。

人，若无法谋合，就不要勉强，不如相忘于江湖。

当然，不想看脸色，是有条件的……想不为五斗米折腰，最好已经积好了存粮。

不玩了，当然不能说不玩就不玩，要想不看脸色，在现实世界里，你得另有谷仓！

我承认，我看脸色的 EQ 不高，所以，我一直在想出路。出路或许也不美好，但至少是另外一条新路。

新路拓展了人生地图。

最好的爱情大都势均力敌

我这一代的女人和上一代的女人最大的不同：虽然婚后还是尽力在为家庭付出自己，但是已经不那么依靠另一半的经济功能。

谈到现实生活要过得好，有八九成的人会说："啊，靠自己最实在啦。"

就算婚姻很好，另一半收入非常高，但如果一个女人从入社会之后就自食其力，进入婚姻后，因为种种原因，自己若是没了收入，改打"伸手牌"，大部分的人都会觉得哪里怪怪的，就是有一种奇妙的自卑感油然而生。

"这种伸手的感觉，其实我到现在还没习惯。"先生是知名土木技师，已经当了十五年专职主妇的同学这么对我说。

我是自由职业者，也开了自己的公司，更替好几家公司工作。

某天，与我业务有相关联系的小芸要结婚了。

这不是一件容易的事，几年前，小芸告诉我，她有恐婚症。

从甜美又温柔的小芸口中听到恐婚症，有点令人惊讶。

每个人对于婚姻的看法多少与自己原生家庭的状况有关。小芸的爸妈在她很小的时候离婚了，而且各自在国外有了新家庭。这些年来，她一直是一个人在台湾飘飘荡荡。对于婚姻，始终心存怀疑。

她担心着结婚可能会离婚这件事。

当她有了固定交往的男友时，我曾经告诉她："没有人能保证结了婚就不会离婚，不过，离婚也没有你想象中那么艰难——看看好莱坞的明星吧。华人社会，把离婚和不道德画上了某种隐形的等号，也未免让婚姻变得太沉重。如果你心中其实还有一点婚姻憧憬，又觉得这个男人错过可惜，那么，姑且认真一试无妨，输了？再说了。"

我们总不能什么都没试过，就先被吓得魂不附体，或者遥想失败便失魂落魄。这不就像还没开车上路，就预言自己出车祸？

和男朋友交往两年后，我收到她的喜帖。她显然说服了自己的恐婚症。

收到喜帖时，我也说教了一番："嘿，不要辞职哟！我们公司，你要生几个孩子，就生几个孩子，假期都可以配合——总之，千万不要辞职在家，手心向上是很辛苦的。"

小芸笑笑说："我不会，我不是那种人，我对经济问题比对婚姻更没安全感。"

如果要说我坚持着某种传统，我也不否认。是的，如果指的是相信"贫贱夫妻百事哀"和"拿人的手短"这两句话，我的确传统。

手心向上，没有人会真的舒服的，除非你的手心上，还真悬着一个超级 ATM 会不断地掉钱下来花，你花完无限供给，还会帮你拍拍手。

我有许多贵妇朋友，婚姻幸福，的确不愁吃穿，但也有人怀才不遇，得了一种莫名其妙的恐慌症：心悸、忧郁，觉得自己快要死掉……当了十年除了喝下午茶和血拼外没有别的工作（当然，在家中养儿育女、日理万机也没真正闲着）的贵妇，人近中年才出来工作……恐慌症好了，而且事业也蛮成功的。在家中的隐形地位（指儿女丈夫看她的眼神与态度）也提高了，人也神清气爽了。

人各有其性，我其实很接近"工作狂"，不是为了赚钱而已，我喜欢有事做，或完成一件事情的快感。就算在家没事，不想写稿的时候，我也会整理园艺或自己画画图；做些手工艺；炖一锅牛肉或蹀躞（不要叫我打扫，那真的不是我喜欢的工作）。我深刻明白，就算我的头上有个超级 ATM，我也是不做些什么具体的事灵魂就会很快死掉的类型。

完成一件事情，不管如何艰难，对我的人生一直很重要。

如果退休就是指一个人什么事都不做，只能躺在家里的话，那么，我一辈子都不想退休。

不管手心向上可以得到什么，至少向上的姿势非常辛苦。

我从小就体会到了。

高中就到台北念书，生活费很有限，如果到了月底，钱花完了的话，剩下那几天就只能吃吐司和啃水煮玉米过日子。

我向来是个自有主张的小孩，但是如果没好好奉行爸妈的话，很容易被施与"经济制裁"，比如，如果你执意要念法律系的话，我们就不给你学费之类的。

所以，我应该是第一个大学考上第一志愿却被断炊的。呵呵，想来是何等不同的经历。

虽然爸妈心地好，没有真正将我完全断炊，但是我充分意识到：吃饭问题乃是人最重要的问题与尊严。

"总有一天我会让自己远离金钱的威胁。"我心里是这么想的。

我从高中开始就有副业，有稿费，也拼命赚取家教费。

这也是我没有成为不食人间烟火的作家的原因，我的身上到处都裹满人间烟尘，也火气十足。

话说婚姻。不是所有婚姻问题都会出在金钱观上，当然人类有史以来也曾有夫妻虽然贫穷却相濡以沫地快乐着。但是，当我们脱离"鸡犬之声相闻"的纯朴社会之后，想要一边饿肚子一边享受幸福实在难，想要一边看脸色一边深爱一个人，也没有文艺小说里写得那么容易。

在我看来，如果你是一个完全没有经济实力的人，不管是男是女，你的自我会慢慢暗淡。

钱没有什么了不起，但是如果拥有经济自主权，你的自由比较不容易缺席。

任何破碎的姻缘，仔细剖析来看，

其实中间都夹杂着金钱观实在不能协调以及经济杠杆失衡而产生摩擦的问题。

一个经济杠杆失衡的婚姻，像晕开的墨水，会染黑了一些本来可以很美好的情绪。

多年前，我们家另一半的行业很明显已经在台湾无用武之地，必须到大陆求职，也申请到月薪相当高的工作。

我当然支持，心想：又还这么年轻，男儿还应志在四方吧。

当时身边亲友的婆妈们（不好具名）非常恳切地来对我说："那样他会很辛苦吧，你何苦让他背井离乡？他可以当你的司机、助理，你这么忙，他可以帮你啊……"

当然，这绝对不是我们家另一半的主意。这世界上，没出过社会的人，最爱做这一类"为你好"的乌龙建议。

"什么？"没等话说完，我就似笑非笑地说，"那么，我们先分开算了。我不喜欢没有工作的男人。这种事，就不用再讲了。"

我心里没说出的话是如果你喜欢老公当助理或御用司机，请便，但是，别劝我；而且，这对个性很强的老公也是一大侮辱吧。他管人也习惯了，如果他当你的助理，三天没有吵架还真不可能。

不管你强调什么男女平等，男人也有理由在家让女人养……我做不到。我从小喜欢的是"科学小飞侠男""超人男""钢铁人男"，我没办法喜欢任何电影里都无法歌颂的男主角。

为我开车？我宁愿搭捷运或出租车（在此陈述的是我个人的主观想法，如果你很喜欢老公做菜和为你打一切杂，那么，我也很尊重这样的个人喜好）。

就算他失业去咖啡店打工，我都无所谓，但是，他必须有收入，好歹也要分担家庭开销，不能只是被豢养。

总不能两个人推车到超级市场买菜，然后他就苦苦等着你掏腰包结账，这种状况，女人还会含情脉脉地看着自己的男人？

对我来说，这始终不是一出好戏。

一个男人好手好脚身心健全，在社会上连谋生都做不到，我不相信他的心中有自尊。

手心向上是很辛苦的，尤其是男人，在这个还算传统的社会中。

事到如今，看了许多婚姻的开始与结束。

有几位女性友人，工作都很不错，而且比我有母性得多。先生工作上遇到小人或遇到小斗争、小不景气，回家哀哀叫，她便心生怜悯："回来吧，我养你。"

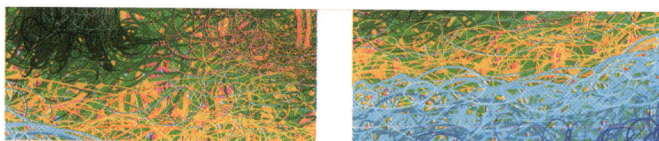

先生真的变成她的打杂、管事和司机。

绝对不是百依百顺的司机，意见超出正常助理一百万倍。

然后还怪她气焰太高。

怪她钱给太少，怪自己照顾孩子的时间太多。

若管钱的，就会变得挥霍无度，把公司财库当成自己的荷包。

然后，都哀哀切切地散了。要不然，就在诉讼中。

夫妻，无须每笔钱都计较。但若杠杆失衡，谁要是没有怨言，很难。

每个人对钱的使用方法真的不一样。

我先生向来有记账的习惯，他花出的每一笔钱，都要注明为什么。要我这样做，那我早就疯了。我只管量入为出，并不管细节。

如果跟他拿一千元，他也会不自觉地问"为什么？"刚开始我会为这件事不高兴，后来才明白是他的记账习惯，没有特殊意义。

但是，像我们这种自尊心很强，平常多付了钱也不再计较的女人，听到"连这点小钱也要问为什么"的句子，怎么可能会开心。

了解，就好了。

如果我在家当个手心只能向上的人，我想，每天都要闹别扭吧。

我所看到的幸福婚姻，都是各擅胜场。不管选择什么，两人都做着自己喜欢的事情，且衣食无缺。

男人喜欢有自己的玩具，女人喜欢有自己的衣橱，小孩长大要有自己的空间……这一切，都脱不了经济问题。

别再自欺欺人了。

所谓的美好婚姻，两个人要甘愿，甘愿里有隐形的均衡方程式。我们乐意将手向下给予，看所爱的人欢笑，也不能缺乏：有人将他得到的，放进你的手心里。

生活需要我们真实地面对

"假作真时真亦假，无为有处有还无。"这是《红楼梦》里很玄的两句话。

有人说，假了一辈子，也是真的。

真的假的，只是认知上的问题。是吗？

但我相信，没有人真心希望被蒙骗，虽然有时候，我们为了好过一点，故意不想看到真实，不想追究是否真实，更不想咬紧牙关验证真实。

尽管如此，也没有人真心想彻底蒙上自己的眼睛。

这是我一直在处理的自我矛盾。

无论如何，我还是相信面对的必要。就算面对的感觉非常凄凉，但面对后必有成长。

话说，有位企业家请儿子来到我的古董鉴价节目。

带来的画真的吓死大家。有齐白石、张大千、徐悲鸿的画，还有明末清初某画家……

如果都是真的，摄影棚内这些斑驳的卷幅价值何止上亿。

"第二代"是个斯文好青年，长得也十分俊秀，他说他父亲做贸易生意，与一位收藏家是莫逆之交。这些画，全是收藏家卖给他父亲的。

他父亲本来对古画毫无研究，十多年前，收藏家急着调一笔钱，拿了一幅画向父亲借款。那幅画在某大型拍卖会上，卖了五倍的价钱，从此父亲对这位收藏家的眼光深信不疑。

多年来，家中古画已上百幅，都是向同一人购得。

不久前有位自认为懂画的人到他家看过，认为大多是真品，只有这五六幅画还不能确定，所以到我们节目，求助于对鉴画有深厚经验的曾教授。

气氛真是凝重，一锤落定，若是真画，价值何止千万；若是假画，那就仅值几千几万元（这还要看模拟者是否高明）。

关于古画，我当然是个"半吊子"。不过，由于工作的缘故，伪作也看多了。姑且不看画的功夫，有两三幅的画纸，感觉上做法相同——卷幅上斑斑点点的发黄痕迹，看来是用相同的方法泼洒某种化学药剂所致。

我皱起了眉头。

鉴定专家曾教授端详许久，第一幅，某明末清初画家作品，确定是仿作，画风甚不相同，不是新仿。

"这样的作品，市面也有五万元价值……"

"第二代"风度甚好："我也觉得手法和这位画家作品不太相同。"

每幅买来的画，价格都在台币三十万到百万之间，以十多年前的画价来看，收藏家卖的是真画的价格。

让人震惊的是接下来的判读。

"没错，是齐白石画的！"然而教授脸上浮现出神秘微笑，"这在市面上只值两千元！"

在场的人很难相信自己的耳朵，"第二代"和我都愣住了。

"画是真的，但却是印的！"教授拿起放大镜，要我们凑近去看，"看，油画反光很均匀，没有深浅，是印的！"

只是高超的印刷品……

"第二代"叹了口气说："唉，我爸真是太相信朋友……"

如果拿来卖的是伪画，至少不那么考验友谊，只能说这位收藏家自己眼光不佳。然而，卷轴有类似做旧痕迹的三幅画，的确是印刷品！

有两种推测：

其一，收藏家第一次拿来调钱的，的确是真品。等企业家发现此为真后，向他询问还有没有画卖，这位收藏家便见利起盗心，于是仿了些假画以比市价便宜些的同行交换价卖给企业家。

其二，第一次便是放饵钓鱼。卖了一幅真画，并且说服企业家委托拍卖，得到不错的价格之后便深信不疑，鱼儿着实已上钩。

"唉，我爸那么相信他……"

若说风格不同，还可另请高明鉴定；若画法高明，放个一百年或许也还会增点值，但印的就是印的，请谁来看都是印的，没有任何理由翻身。

这，只是我看过的众多伪画真卖的案例之一。

"你要不要干脆告诉你爸，你没来？"我开他玩笑。

如果我是他父亲，我会原谅这个拿印刷品当真画卖的朋友吗？我想，我可能不会，就此绝交。

有这样的朋友，谁还需要故人呢？

就算不追讨这笔债，也不能再跟这样的人交心了。

"第二代"仍很有风度面带微笑地说："接受事实吧。虽然，事实很残忍。我也不知道怎么跟我爸说……但是，我还是会说真话。"

除非真的不能，否则永远不停下脚步。

不妨静心以待，人生或许会看到另外的壮阔风景。

看来，这二十五岁的儿子，才是这位父亲真正的宝藏。

真实，有时候是很残忍的。

我的一个朋友，与先生相遇相知二十年，从大学时代便是般配的恋人。

两人说好要当丁克族到老。没有孩子。他说怕她痛，不要她生。她也怕幼儿烦，刚好一对璧人。

结婚多年，感情还是很好，晚上要手牵手才睡得着。

他主外，把她供养得很好。在外不用为五斗米折腰，对内家事也有人代劳。

她的人生是一个完美而光可鉴人的艺术品。

四十岁那年，先生在某次交通意外事故中丧生。

然后，一连串的真实像锥子一样，不断刺进她的心。

陪着他离开的是另一个年轻的女人。

他这趟行程，压根儿不是他所说的办公事。

飞机并未飞往他说的大城市，而是某度假岛屿。

接着她发现，其实他所有的朋友都知道他有外遇。

他们在一起十年了。

他们有孩子。

人人都瞒她，没有人忍心刺痛她天真而美好的生活。

"为什么我会遇到这种事？"一开始，她叫天天不应，像刚知道自己得了绝症的人一样，"这不是真的！"

然而，真的就是真的。逃不走、抹不去、挥不掉、掩不了，真实就是真实。

"他怎么可以演得那么好？"

其实，他并没有演得太好，只是她太信任他。他的确是个很被大家信任的好男人。

悲伤之后是更沉重的愤怒，愤怒之后是泛滥的疯狂。然后，就跟灾后的大地总要归复于平静般，她想通了。

那孩子由祖母来养，不归她。她主动将丈夫留下的遗产，分一部分给那孩子当教育费。

人生重新开始。"一个女人在四十岁这一年，才从云端掉了下来，真是一件残酷的事情。"她耸耸肩说，"不过，也让我明白，原来靠自己脚踏实地的感觉，也很好。"

复原太快都是假的。过了一些年，她真的释怀了。

"有人问我，是不是宁愿被蒙在鼓里一辈子？我也想过这个问题，其实，我还是宁愿接受真实。"她说。

真实有时是带刺的。生毛带角，面容狰狞。

人到中年，看过许多不太好看的真实，也明白张爱玲说的："生命是一袭华美的袍，爬满了蚤子。"灰暗归灰暗，却有某些道理。

在我看来，是有些跳蚤，好些时候让你又痛又痒，但不一定全是蚤子，不一定老是痛与痒。

总有舒坦顺心的时候。

对于所谓残酷的真实，人们常持三种态度：

一是执意要看。

二是最好看看。

三是始终不看。

第一种，逼着要看的，有时会把真实逼急逼坏了，比如，那些动不动就要证明"你对我的感情是否为真"的人。

第三种，事情发生了，还躲呀躲的，终生不肯面对的人。

我年轻时是第一种人，偏要把水晶球的背后全部都看透，然而，由于智慧不够，所以兢兢业业得来的，也未必是真相。这样的个性，在如今看来，是自己找碴。如今是第二种含糊人。

万一残酷的真实真的出现了，那么，就面对它吧。但也不自找麻烦。

总不可能完全没有差错。

我也宁愿看见真实，然后，谅解它。谅解每个人心中或有黑暗面或有软弱面或有困难处，他或她，不是故意欺你，不是故意踩你。虽然他的苦衷，你未必要将心比心地同情或理解。

但知道总是好的，也就敬告自己，不再重蹈覆辙了。

这也很难。

难怪孔子称赞颜回"不二过"。错一次后，便不在同一处错了，已是亚圣。

难。

却不得不如此。

是的，我情愿知道真实，即使这样比无知受更大的伤。因为知道的病好处理，伤过的心可以医。

我仍然相信信任的价值，但真实还是真实。

如今，看的人多了，不爱和满嘴虚词（俗话又叫作打屁），说话都听不出真性情的人为伍了。一句话讲成十句，或十句话内听不到一句真心，都令人疲惫。

真实，才可贵。

听从自己内心的声音

似乎是大作家莫言说的："我只对两种人负责，生我的人，我生的人。"

除此之外，谁真的能恒久地把谁放在第一位？

让我引述一对夫妻的私密对话：

夜半无人私语时，老公撒娇："我觉得女儿要你做什么，你都没怨言，我要你做什么，你都……"

"这是当然的呀。"妻子说，"因为她是我心中第一位，你是第二位。"

"噢，我还是第二位呀。"老公说，"我以为，你把自己摆在第二位，我是第三位呢。"

"这，"妻子轻拍老公的头，笑了，"我刚刚的意思是，如果只列你跟孩子，你是第二位。如果加上我自己嘛，你——最好——不要——再——问下去！"

这个故事是男人在聊天时引述的，他半开玩笑地说："看我在家中多么没有地位，我老婆回答得真绝呀，我家还有一猫一狗，万一都列进来，我恐怕还是敬陪末座。"

"所以叫你不要没事做比较啊。"在一旁听他说话的太太又轻拍了他的头，像抚摸着一只小狗说，"乖，你最爱吃的波士顿派来了。"

他其实是个好老公，真心欣赏妻子的利落爽朗，只是有时会哀哀叫个几声。

"女人会为男人牺牲的时代已经过去了。"他苦笑着说。

"不然呢，那我问你，如果将来你女儿以男人为天，把那男人放在第一位，言必称老公，事事看老公脸色，那你觉得开心吗？"

"怎么会开心，男人是什么东西！我们辛辛苦苦养大宝贝女儿是用来为他服务的吗？"

"这就对了！所以，不要太在乎自己重不重要，好不好？"我说。

把男人放第一位？别开玩笑了。

这样的女人真的所剩无几。那些口里爱讲"老公是我的天（天哪），孩子是我的地"的女性，通常也只是在强调自己很重视家庭而已（就我观察，口里会这样说的女人，性格还都真的强悍得要命）。

重视家庭，也不见得要忽视自己，让自己趴到地上去，谁踩都不要紧。没这回事！

不服气？

不然你回到那个女人都自认为是油麻菜籽命的三十年前呀。大概在一九七〇年后出生的人，因为经济改善、教育提升与少子化的影响，多半的家庭中不管是男是女，每个人都是父母视作宝贝带大的。

在台湾，五年级（一九六〇年）之后的女生，已经都很懂得对自己好一点了。

虽然，懂归懂，在真正落实对自己好上面，理想与现实还有一段距离。对自己好在我们心中变成商业广告用语，成为在购物时大开杀戒的理由。

主妇们更常用此语自勉："老公气我，我就花钱来消气！"

对自己好，绝对不只这样。花钱的确能犒赏自己，不过，成就感很短暂。

我对自己很好。有了孩子之后，她在我的人生中占了非常重要的角色，我开始把"一定要安全"列为前提。这让我不能再像以前那样随心所欲，要去战乱国家就去，去南极探险也行……还好，四十岁之前，所有五花八门的梦想已实现不少。

不再没头没脑地冒险，然而，态度没变：我还是对自己很好。

我是自己唯一的生财工具，是自己最好的朋友，是自己的主人。那么，我为什么要对自己不好？

而且人生很短。有许多时候，我们受制于环境，受制于经济，受制于别人的脸色。当一切枷锁渐渐失去禁锢的能力时，为什么要对自己不好？

人生总有要牺牲或退让的部分，但是，这一点，如人饮水自知就好，不要辛苦自己给别人看。

不要让自己沦为没有功劳也有苦劳的人，因为苦劳绝对不能兑换功劳。

做了退休后也可以安枕无忧的理财规划（做规划的前提当然是你年轻时得努力一点，有些智能型的老本）之后，我开始更加去芜存菁地挑选工作。年轻的时候，能做的就做，现在，是有兴趣或有成就感的才做。

我这样说，自认为还在"折腰"的人可能一时觉得不太高兴。不过，我可是奋斗过半辈子的呀，所以现在才能理直气壮地为自己真的想做的事情奋斗下去。

我仍然去旅行，随便你觉得我是否自私。除了家庭旅行，我更爱单独旅行。把一切处理妥当之后，开个小差，排出假期，去旅行，要舍得孩子的呼唤一周。

虽然因为孩子幼小，我想她，我的旅行变得很短，不再像年轻时候一出国就从南极到北极，不知道什么时候会回来。不过，没有关系，算是不无小补。

我不能放弃一个人的旅行——从年轻时开始，那就是我犒赏自己非常有效的方法。

一个人旅行，还是小小冒险，但我非常享受。

不必没事提这提那地闲聊（可能和我是动口赚取生活所需有关，我休假时非常不喜欢说话）。

可以拿起尘封很久的相机拍照。

可以专心吃顿饭（这在有了孩子之后变得非常奢侈）。

可以在星空下小酌，对影成三人。

可以边走路边唱歌。

可以看别人怎么布置店面，想象他如何完成梦想。

可以自在地逛美术馆，静静地欣赏。

可以不必维持含笑的表情——因为没人认出我（没表情在本地很危险，有人会说你臭脸，其实荧幕上的人又不是假人，怎么可能保持着一贯的甜美亲切笑容逛街？偏偏现在会拍到你的镜头无所不在）。

可以弹性决定行程，万一迷路了没人怪你，不必一直有责任感。

我一向主张以自我为中心，虽然这句话常常是被用来批评别人的。

请容我重新诠释以自我为中心：人生很短，你本来就有权利按照自己内心的声音而活。

我相信，当一个人躲开了喧哗，剩下自己，与自然的风光和景色对话的时候，才会听到自己最纯净的愿望。

以自我为中心有什么问题？如果在这世界上，我们连自己的感觉也不能感觉，那么，我们怎么可能对别人体贴？

但是我们也要明白，世界并非绕着我们运转，不管再怎么成功，也没有人会真正听我们使唤。

我，很重要，但也没有那么重要。我可以离开原来的生活轨道，也可以被遗忘。

年轻的时候，我并不懂得听自己的声音，大多数时候听着许多杂音借以生活，太在乎自己的各种纷乱感觉，太在意别人对自己的看法，所以活得紧张，不时陷入琐琐碎碎的忧郁情绪中。

年纪增长最好的礼物，就是知道什么声音该听，什么声音是杂音。

渐渐懂得找出对自己好的方法，开开心心，继续带着发自内心的微笑，牵着自己所爱的人的手往前走。

有时，也记得放开一下。

给自己的人生一个
Happy Ending

日本报告：最新统计，日本男性平均寿命已达八十岁以上，女性更高达八十六岁。

华人女性也老早就活得比男性久。

听到"活得久"，女人且慢高兴。

有教授研究，台湾银发族（六十五岁以上）女性的不健康存活年数比男性多了两年多。也就是说，生命末期的质量，实在不比男性好；男性常因急性病症离开，而女性则常缠绵病榻。

有六成以上的台湾银发族，完全没有运动，甚至也不爱出门。身体渐虚，出门觉得累，将自己禁锢在家中，只会越来越虚，形成恶性循环。

肉体上不愉快，精神上更匮乏。一离开职场或完成养儿育女的任务后，就安坐在井里，不知要坐多久。生命中一点新奇事物也没有，像白头宫女，嘴里说的都是一些闲话与旧日八卦或别人的事情，重复再重复。同样一件心中怨事，叨念再叨念，让人烦心的小事，提醒又提醒，不知道自己是如何渐渐失去全世界的欢迎……

眼界既窄，心胸如何宽大？

身体不好，精神要清爽也难。

我以前也是个不重视健康的人。出门，就是逛街，怎么可能去运动？

念书时，我还是体育身障班学生呢。从小我最怕不及格的就是体育课，那时因为写书法写到手腕长了一个关节囊肿的东西去开刀，又遇到了我最害怕的排球课，于是申请到身障班上课。

虽然每天要六点起床，搭车到校本部集合上课，但那学期我过得舒服多了。只要打打桌球（对手可能坐在轮椅上，所以动作不可以太剧烈），或做做体操，那学期体育分数是我史上最高。

离开学校，不再有体育课之后，七成的上班族都失去了运动习惯，我也是。

直到我二十六七岁就因为写太多字又坐着不动出现了"五十肩"，我才明白：不运动，是不行了。

四十岁前，我学了几年佛朗明哥舞和有氧舞蹈。当时学了三四年，每周持续进行。虽然跳得很不专业，登台表演自己也觉得是场笑话，但就调剂长期伏案写作的腰酸背痛而言，效果很好。

回头看来，人生中太早发生的腰酸背痛并不是一种惩罚，而是一个提醒，不然，我的身体早就锈掉了……

不跳舞之后，就只剩游泳了。人要是变得擅长浮在水上，就越来越不费力气，游个几千米，好像连气都不会喘，一点也无法训练心肺功能，腰间肥肉也就越来越张狂……于是，有喜新厌旧倾向的我，又想尝试新的方法来操练自己一下。

真正打醒我必须好好正视自己的身体机能可以维持多久的，是我祖母与我的孩子，这两位都是我的心头肉。

祖母带我长大也待我很好，我出生时，她四十七岁，恰巧只比我生孩子时大两岁而已，不过，中间多了一个世代。

我从小就知道祖母比我大很多，非常害怕哪一天祖母会走，我会被留在一个几乎等于《孤雏泪》的世界（事实或许没那么糟，我童年的想象力扩大了恐惧），所以我自小就暗自祈祷，请将我的寿命分一半给祖母。

上天真的听见了。我是这么相信的。

祖母九十八岁过世。

对于她能陪我到我也过了人生的一半，我十分感恩。

然而，多么辛苦，我也看到了。

她在病床上躺了十三年。八十五岁时，还可以骑单车到公园跳土风舞和到地方老人会唱歌的祖母，某一天，因轻微中风晕倒后，身体状况急转直下。

十三年，多少次的病危通知。我记得刚开始时，雪山隧道尚未开通，我必须在深夜里搭三小时车直奔宜兰的医院……

在那些弯弯曲曲的路上，双手都是冷汗，祈祷又祈祷……

祖母都挺过来了，然而，意识越来越不清楚……有时候，问她：

"吃饱没？"她会回答："狗在外面。"我们的言语像接不上的两根电线。她忘了一切，但记得我的声音。

到她九十五岁那一年，她几乎连我也不认识了……不能下床的她，身体越来越像虾子一样弯曲，我们会听见她的呻吟，但她却不能言语，也说不出自己的痛苦。

太辛苦了。以至于到后来，我发现我祈祷她长寿，或许只是我非常自私的错误祈求。

我记得她八十岁时的电话本。祖母是读过书的，重要的人的电话和她喜欢的歌词，她会用笔记本记下来，有日文，有中文，字迹十分娟秀。

她八十岁的某一天，曾在电话旁发呆，手里拿着她的笔记本，里头的电话，一个名字又一个名字，都被画掉了。她用空洞的眼神说："啊，现在就算有电话，也不知道要打给谁了……"

我生孩子时间太晚，想到孩子二十五岁时，我就到了"古来稀"之年，万一活得不健康，惨了，我可不是大大连累她？

我真的是从人生过了一半的年纪才开始正视运动，也开始真正认真理财。

理财，可使自己得到妥善照料，不必连累孩子。

健康，是为了不让自己痛苦，孩子操心。她要飞多远就飞多远吧，不用一再回顾，担心家中老人。

再加上产前的妊娠毒血症，变成产后的慢性高血压——我心里的警铃发出巨响。我知道，如果我不注意，将来就会跟祖母一样，就算长寿，但必然因为家族性高血压而导致血管性失智或中风，最后自己的身体也不能自主。

这不是我要的人生结局吧！在我还有自主能力，也渐渐变得成熟的这些年，我已经尽力活得精彩，人生来个 Happy Ending 可以吧？

这一年，我开始和一群老同学练习长跑，我的偶像变成日本超马女将工藤真实。

她和我一样大却可以在二十四小时内不眠不休跑二百五十五公里，创世界纪录。她从小就是体育健将，年纪和我一般大的她看起来很小，看来运动真能使人永葆青春。

年纪很大才开始跑，十个有九个会提醒我膝盖会坏掉，我认识的医生也分成两派，说法迥然不同，不过，我笃信"用进废退说"。

我认为人应该在膝盖没坏掉时跑。我的膝盖没坏，是因为多年来工作关系（在荧幕上只有谐星有资格胖）必须维持差不多的身材，胖瘦顶多是正负三公斤便知警觉。曾有一位大学同学，毕业十

年后体重即增加两倍，三十五岁就换了人工关节。

跑了近两年，我认为不是人老膝盖一定会坏，是人胖关节支撑太多会坏吧。还有，不用，它退化了，也是坏。

在美国有八十岁还能跑马拉松的老太太，而且还不止一人。记得有则新闻说，八十五岁的银发名将在跑完马拉松的第二晚，安详离世。无疾而终，未受折腾，去世前还进行着自己最喜欢的事是最大的幸福。

这样才是 Happy Ending 吧。

警告我会把膝盖跑坏的朋友，也太看得起我，殊不知我只是跑个五千米，而且跑不动就用快走的。

我不是个会勉强自己太努力的人。若连玩乐运动都想要自己发挥超能力的话，那么人怎么能够逃出过劳死的掌心呢？

跑半年就有朋友邀我去跑戈壁沙漠，我婉拒了。我连跑平地都很累，还跑什么沙漠呀？沙漠麻烦骆驼去走就好了。

我先挑战容易的，看起来像娱乐项目的，毕竟我离可以铁血训练的年纪也很远了。

我报名的第一个马拉松是夏威夷马拉松，只跑十多公里的四分之一马。我的偶像工藤真实的第一个马拉松也是夏威夷马。因为很好玩，就去了……很单纯的心理。

有些工作都已经做到咬牙了，若连跑步都要咬牙切齿，勉强自己去如此坚忍，我想我脑里的火花会很快熄掉。

刚跑的第二个月，我就得了肌腱炎。本来以为很严重，足踝科医生看了我几分钟，要我买一种特殊鞋垫——一个月后真的好了，不痛了。

这位医师自己也在比三铁。他说："还好啦，本来那些年久失修的肌肉，要它们一下子劳动锻炼起来，总是要抗议一下的。只要善待它，它就会就范。"

一年半了，当跑步变成小小的瘾头之后，倒是没有更可怕的事发生，相反，我的膝盖好像变强了。以前穿高跟鞋站八小时工作，是我在录像过程中最辛苦的一件事，当我开始跑步后，似乎没有之前那么疲惫了。

不知道你是否注意过真正的马拉松名将是怎么跑的。

会有好成绩的人，都一定有自己的节奏和步调，不会受到旁边的人影响。

别人超过我，好，让他先走吧。要有自己气定神闲的韵律，这样才能够跑得久。

最棒的跑者是不管旁人怎样，我还是跑我自己的人。

我想，生活也是。要有自己的步调与节奏，有时要忍受在幽谷中四下无人的寂寞，有时要忍耐严寒和酷热。除非真的不能，否则永远不停下脚步。

我们的人生也是一场不知终点何在的马拉松。

本来只想锻炼自己的身体，后来，我从锻炼好的体力中得到一种自信，扎扎实实，知道自己比原来更有生命力。

这种感觉好像本来要去淘金的人，却在河岸旁，忽然捡到钻石一样。

活得久是恩赐，不可强求；活得好，是我们应该对自己尽的神圣任务。

最好是直到最后一口气，还能蹦蹦跳跳。

PART 2

静下来，
听自己的声音

难，
才值得梦想

我看过的一则小故事：

在美国加州的一个市场里，有个很会做生意的中国妇人。

市场里的摊贩，有人眼红她生意这么好，每天收摊时，都故意把垃圾往她的摊位上倒。

她从不生气，笑盈盈地，日日清掉垃圾。

旁边卖东西的墨西哥妇人，好奇地问她："为什么你不生气？"

她说："我们华人，过年的时候，都会把垃圾往家里扫，就是不希望钱财跑出门外。他们把垃圾倒进来，象征着把钱扫给我，让我生意好，我高兴都来不及。"

这事一传开，再也没有人把垃圾倒在她的摊位上了。

很年轻时，遇到什么不公平的事情，我的第一个反应，没什么不同，就是生气。越想越气，好想把那个可恶的人的画像钉在墙上射飞镖。

不相干的事也气。

我所气过的无聊事很多，其实都很小。记得的还有这一两件：我家附近山坡，以前蛮好停车的，后来车辆渐多，公家单位就来划了停车格。台湾的某些公家单位，做事从来没有一套既定章法。假设一辆车是两米长，它的停车格竟然就只画两米（一长条车的车头对车尾，每辆车的停靠位置就只有两米），根本没有任何回转空间，大概只有机车可以停进去，画了停车格比没画还糟。

大家都在咒骂，我也不例外。每天出门看到就有气，还会气政府无能、做事没脑……直到一个月后，真的有人来重画了（但旧的痕迹实在很难洗掉），把马路画得斑驳陆离。

后来想想觉得我很无聊：我自己又不开车，干吗生这么久的气？看不惯，想法子就好了。很多事应该是向外解决而不是向内生气的。

年轻时听到一句不爱听的话也会生气。比如，某次搭出租车去机场。以前的司机把车当成自己的王国，比较没有服务业观念，上了他的车，自然要听他说教或质询。

"小姐你去机场啊？搭飞机很危险哟，不久前不是有一架掉下来吗？"你觉得我会很开心地和他讨论这个话题吗？我气坏了。一直到搭飞机途中，我还在生气。

遇到这种哪壶不开提哪壶的人，机会实在挺多的。

生气也蛮无聊，这样的人在我们生命中无足轻重，将来也不会再遇到，他没口德，是他自己的问题。他自己会碰到教训，他至今一定不明白自己常常不顺就是因为有一张乌鸦嘴吧。

他那么白目，也难怪人生很难有太大成就。

"真倒霉，遇到这种人！"年轻时会因为别人的无心话生气很久，人成熟以后，宽容很多，白目的是他，我行我素的是我，气什么？

这么想就好了。

年轻时我还会得理不饶人地跟人家打笔战呢，真是不成熟，入了社会还像学生时参加辩论社似的。

何必呢？架越吵越多，心里知道自己没错就好。

我最不想看到的是"中年愤青"。

如听到什么不对，看到什么不聪明的事都要生气的人，还有不少人活到银发族都还像"愤青"！骂骂骂，跟着政论节目的名嘴

骂，或者骂政论名嘴，但是，该怎么做才好呢？又不知道，只能耸耸肩。

不是你我能管的事，也就不是你我该浪费那么多时间和细胞来生气的事！

后来悟到：如果我自己是个脆弱的气球，那么，一碰到什么，当然就会破。

修养果然是要在有了年岁之后才会有（但也未必有。我也看过越来越爱生气或抱怨的老朋友）。遇到任何很糟的事情，或者恶意的诅咒，能充耳不闻；或者，更进一步化诅咒为力量，甚至祝福，这一转念，才是修养。

等到明白没有什么值得生气的时候，世上能为难自己的绊脚石也就少了。绊脚石无所不在，若一见便要气，气不完的。

这就不算别人为难你，是自己为难自己了。

化生气为无气是修养，真正化诅咒为

祝福是能力。

我身边认识的朋友，有些成就的，谁没有被诅咒过？

有位好友A的公司终于上市。他虽然年纪不大，但创业已超过二十年，是一位从小十分擅长写程序的工程师。和他一起创业的某位伙伴B，因为创业过程实在艰苦，无法忍受长期收入不稳定的生活，于是求去。然而，过了几年，这位昔日战友惊讶地发现，当时他认为一定会倒的前公司，竟然从荒芜中重生，变成了一家有潜力的企业，而用该公司软件的客户也在增加中，心里便生了怨气："为什么这份荣耀，没有我的份？"

B，控告了A公司窃取了他的智慧财产权！

这个案子进入了法律程序。十多年前，当时的法官，实在搞不懂科技软件的智慧财产权，竟然让B假扣押了A公司所有的软件！

通常，如果你要假扣押三百万财产的房子，你依法要拿出三分之一，也就是一百万来做保证金。

然而，在那个对科技智慧财产权还很蛮荒的时代，法官的计算方式是一套软件三万元，那假扣押金额就是一万元——问题大了，为了这一万元就扣押了该公司即将出货的一千套软件！

A的公司本已渐入佳境，因为软件被扣押无法出货，陷入了窘境，然而，A还是以不服输的精神坚韧地继续撑下去，在极短的时间内不眠不休另外研发程序，开拓国外市场。八年后，A才打赢了这场官司！

打官司的过程中，他还是继续进行各种研发。虽然，因为收入被限制，负债累累。

但在打赢官司的同时，他的公司已经变得颇具规模了！

"创业路上，只能把各式各样的绊脚石，当成你成功的垫脚石！"他说，"很多人把困难当成是天上掉下来的灾难，但是对我来说，困难已经是一种必然，这个困难走了，还有别的困难，我就是在解决各式各样的困难中长大的。"

这样好的态度，正是"甘之如饴"这句成语最好的诠释。

我应付的困难，算来都没他的大。

我应付过多少困难呢？其实，我自己也算不清楚。只知从小到大，困难是一种必然。三五天来个小的，一两年来个大的，有很多委屈，有很多突如其来的灾难，有许多莫须有的罪名，尤其我身为媒体人。

生孩子的时候，因为突如其来的妊娠毒血症，我的身体急速恶化。最糟的状况达到如果我没有叫自己呼吸，大概就不会呼吸了，身体血管里的水因高血压在怀孕末期急速排出，身体水肿得不像话，最高纪录是用粗如小指的针，两天内在腹中抽了十六公斤的腹水……

侯文咏曾经跟我开玩笑说："嘿，算你命大，像你这么高龄的产妇，又遇到这么危险的状况，就算是死掉了，也没人有责任！"认识多年，他实在还蛮了解我的，他说："看你活了下来，我对别人说你这个人，遇到这种状况都没死，将来一定会更勇猛！"

他说得一点也没错。什么叫置之死地而后生，我很荣幸当了见证者与幸存者。

这些年来，我开始创业，遇到的困难不少，不过，总会有一个想法，在我沮丧过后出现在我的脑海："我都从地狱里走回来了，现在我还怕什么呢？"

如果你到过十八层地狱，那么，没有理由被其他肤浅的困难打败。

就算暂时被打垮，想想，也还没回到十八层，还可以再爬上来吧。

如果我们不放弃，不往坏处想，我们，总有能力，总会慢慢地存积力气，化诅咒为祝福。

我常常听到人们在想要做一件事时，先皱着眉头说："这不是很难吗？"

当然，不难的话，就用不着你立志了。

不难的话，谁都做得到了。

不难的话，值得你梦想吗？

不难的话，还要你挑战吗？

和"难"相处，跟"难"挑战，如果你已经习惯了"难"，你终会发现，这个难搞的朋友，其实才是你的良师益友。

有些事，
再忙也要做

三十岁之后，我就是一个很会调配时间的人。但无可置疑的是，在我"自在"的生活中，加入了一个幼儿，实在是时间管理的一大挑战。

我颠簸了一两年才调整过来，找出"几乎可以两全"的模式，虽然还是常常面临一些突如其来的小小挑战。

明天就要？不会吧？

相信每一个像我一样的职业女性在忙完一天的工作回到家时，看到孩子联络簿上的亲子作业，难免会先有一阵头晕目眩的感觉。

有的作业比较复杂，会十天前通知。

就怕是十天前你看看忘了，忽然变成"提醒你明天要交哟"！

通常，都是妈妈比爸爸急。这很难免，比起大部分爸爸，妈妈们都以准时交亲子作业为己任，因为，按照社会现况，如果孩子没交亲子作业，失职的问题常常自动推到妈妈头上，不管妈妈上班是不是比爸爸忙。

而铁铮铮的事实是：孩子当然最好能独立完成，但要一个四五岁的孩子独立完成作业，是痴人说梦。

我是一个有几家小公司要管，也领好几份老板薪水的忙碌妈妈，但也是一个从小就有准时交作业强迫症的学生以及写专栏时保证准时交稿不迟延的作者。所以绝不当恐龙家长，心里认定既然老师规定要做，那就责无旁贷好好配合。虽然，我诚恳地认为，很多亲子作业，对于一个那么小的孩子实在太难，他们连筷子都还拿不太稳，要把一个复杂劳作做得好很困难，大部分时间都只能敲边鼓。

老师也明白，所以这叫"亲子作业"，希望家长可以陪孩子互动。

这一次，我打开联络簿，看到的环保作业是"做飞行器"——飞机、飞船、热气球。小孩的爸也看到了，他淡淡地说："做风筝比较快。"

真是对不起，我也知道，但风筝就是不在里头。

飞行器，还真难。幼儿园大班……

去年，孩子念中班时，她的环保亲子作业则是"一个 A4 大小、立体的东西"。

那时学校很早就提醒，但我真的看看就忘了。直到要交的前一天，看到联络簿的提醒，我才发现大事不妙！

老师还真的很贴心，写上："我知道你们很忙，所以，没有交也没关系，真的……"

什么跟什么？

这句话激起了从小蛰伏在我身体里的某种不服输精神！

我的不服输精神大概是如此：就算前一天才知道要考试，我也不愿意让自己考太差！

当然，这种勉强可以称作好胜心的东西，在我的大半辈子里，扮演"成也萧何，败也萧何"的角色。但也正由于它，让我一路不愿对任何残酷现实太快弃甲投降。

"开玩笑，妈妈以前是美劳大王！"我对着孩子开始吹牛，立刻在晚上九点时开始动脑。还好，因为我喜欢 DIY 的缘故，我家的环保物品收集量一向不少，我用菜瓜布和化妆品圆筒礼盒及碎花布、纽扣，在一小时内弄了一头猪，还在上头用剪纸贴上小孩的英文名字。

孩子不久便睡了，那头猪一直跟我耗到深夜。

猪到学校去后，始终没有回到家。某天到学校，我看到它好端端地站在某个展示台上。

啊，的确大家都有眼光，呵呵，多么棒的作品啊，我自己得意地笑了。

这一次看到"飞行器"，我不敢轻视。如果是前一天才抱佛脚，我并没有把握能弄出一个飞行器。

我花了些时间思考，把空的洗发精瓶子、用剩的铺地板料、厨房里的漏斗以及小孩玩坏的玩具车轮子、坏掉的CD，再加上筷子拼凑起来交给小孩八十岁的国宝级（我说的）木匠爷爷，因为有些东西要动用刀子接合，由他来做得心应手。

交作业的前一天，一个看起来非常专业的工艺品出现了——环保喷射机。

某一天，我在空间上放了我们家三代人一起完成的亲子环保作业，自己为此很得意。

结果，看到一个应该当了妈妈的女士酸溜溜的留言，大骂学校老师劳动家长，也骂我们

大力帮了无能的孩子，并且还说："哼，老师怎么没想到大家有多忙，谁有那个美国时间？以为每个人家里都有有钱有闲的妈妈和国宝级木匠爷爷？"

她的某一种类似"网络酸民"的挑拨语气，让我小小上了火，回道："你以为我比全台湾所有的妈妈闲？要论忙，难有人忙得过我。人，有心无心而已！无心者，事事找借口不做很容易！有些事，再忙也要咬牙做，不能咬牙一时，终将无成一世！"

我说的话有点重，有点倚老卖老，却也是真实所见。我看过很多现代大人，嘴里说忙忙忙，其实什么也没做。孩子也没陪，就算陪也是他心不在焉做着功课，你在旁专心滑手机。亲子作业至少表示你曾陪伴孩子做过什么，就算孩子太小，无法真的完成什么好作品，对他而言，你的认真还是有意义的！

这是我的原则之一。小时候，就算我觉得有些课本的内容实在无用，或根本是政令倡导，我还是会尽量念好（这里就不讲是哪一科了），因为，既然考试都要算分数，反过来想想栽在这么无聊的科目上，岂不是太可惜了？

人，不能只是一直停在消极反抗的阶段，否则，你六十岁还是会跟十六岁一样，没有成长，只是从"愤青"变成"愤老"而已。没有人会认为一个自认为怀才不遇的银发族有什么伟大的前途，忘了姜太公的故事吧，那是神话。

我的书从小念得不错，但我绝对不是过目不忘的聪明小孩。我记得我老板赵少康曾说："你不要怪很多老板在找新人时看学历取人，因为那至少代表你在年少的某一段时期，曾经为自己努力过。"这是对的，好成绩从来不是天上掉下来的，就算天资极佳，也不可能不尽力，这表示你曾认真过、负责过，也有荣誉感。

也不可否认，虽然现在谁都可以在台湾念大学，学历、名校都不代表什么，但是，一个从好学校里及格毕业的孩子最终还是会给人（或者将来的雇主）"你至少曾经在求学过程中好好努力过"的印象。你不能什么都打枪，什么都酸，只是反对这反对那，觉得这不合理那不公平，活到了中年还活得像个"愤青"，人生中真正拥有的成就感，除了满腹酸水，都是零！

孩子看了，有样学样。母亲其实是孩子的最好示范。

你认真做，他认真看。妈妈若只闲磨牙动张嘴，孩子必然也打混不负责任。

有些事，再忙也要做。再不以为然，也要做。

认真做某件事的本身，就会产生源源不绝的乐趣。

这也是给孩子的好启示。

一个只会耍嘴皮、只会批评、只会呻吟，什么都没动手的妈妈，恐怕也只能养出甩嘴皮型愤青，很会批评，但什么建树也没有。

什么是身教？其实，就算在一个再忙也要做的亲子作业中，父母亲的态度，孩子还是会耳濡目染。

我们长大之后，难免会做到"我真的没兴趣"或"真是还蛮折腾人"的工作，就算你做的是创意行业，走的也是自己想走的道路，这样的状况，过来人都明白，显然不会太少。

你不能以不合理为名，想逃就逃。

对于孩子的学习过程，任何不想在晚年后悔的父母，虽然未必要全力参与（这对下一代会有另外一种压力），但是，并不能逃。

我想表达的是，再怎么难，身为一个人，总会遇到责无旁贷的事，最好的方法，还是全力以赴，学习把一件事做好。

这就是我的态度。

我是自由工作者。我手上类似的 Case，可能时薪三万，也可能时薪三千，也可能免费服务，我的态度都相同，我尽己所能。

这就是我的态度。我希望我的孩子也看见我的态度。

静下来，
听自己的声音

人活得越久，而且只要活得不坏的话，会有一个极大的好处：能够管你的人会越来越少。

就算想管你的人还不算少，但有能力管住你的人也会越来越少。

我曾停掉空间粉丝团大半年，因为对我来说，当时它的负担已经多于快乐。

我只留着和朋友、同学们共享的个人空间，关心一下我所关心朋友的信息。

粉丝团的问题在于，谁都可以加入。里头有你的朋友，也有不知为什么故意来讨厌你或指挥你的人。

还有一些自己活得莫名其妙，却要在别人生活里加很多意见的人。这些人，你封锁了他，他还会不厌其烦地用其他名字，用一张没有脸的照片，或是他人的照片继续加入，前仆后继。

他们若生对了时代，恐怕可以当革命烈士。不过，你值得怀疑他们的精神是否有问题。

这些闲着的人有多会颠倒黑白呢？不久前，有件非常好笑的故事发生：

那一天，我在马来西亚出差，而我家小孩的爸爸跟一群同样有幼儿的父母带着孩子到台北近郊一个公园游玩。

我 PO 了孩子在游乐区骑石骆驼的背面照片（为了保护孩子隐私，我从不 PO 正面照）。

明明写得很清楚，我在出差，孩子跟爸爸在台北玩，却引来了一个可能不太看得懂的网络酸民 A 大发议论。

A 说："骆驼是马来西亚的文化古物，你们竟然让孩子在上头攀爬，实在是一群没有水平的父母！没有注重身教！"

先看到先发难的是我老公。他上去留言说："你这个人到底有没有看清楚，这个地点是在新北市的某新开公园儿童游憩区！我们到底是哪里没水平？"

另一好友也看到了，冷冷回应："马来西亚有骆驼了？到底有没有常识？"

还有朋友跑到 A 的空间起底，说："这是一个全新账户，有种就用真实姓名示人！"这位 A 显然自知理屈，不敢众议，自己把留言删了。

但他很显然是上周被我封锁的某一位，只是心有不甘，又用了别的名字加入。有人对我这么有兴趣是怎么回事？

我在前面说的想管你的人还不算少，指的就是现代交友网络发达，有很多意见会不请自来，出现在你的眼前。

有朋友笑我是"人红是非多"，其实并不是，而是某些人只要可以匿名，就会在别人看不见的暗夜里偷偷长出咬人的犬齿。就算是一个小学生，只要有社群网络，也可能被这犬齿随意啃咬。

我看到一些习惯在空间发表些什么的妈妈也有困扰：就算不红，也会惹人眼红，成为被攻击的对象。

现在，我觉得很多事情像"文革"复制版。只要这个人有名，只要他或她过得不错，只要他家境富裕，犯了一件与私德有关或无知的小事，也可以让他被批得焦头烂额，新闻媒体也大肆地想要"诛九族"讨伐。

我们都怀疑过，是否他们最近缺新闻，不是吗？

曾经看过一位女明星在哺乳期只是 PO 了一张自己在喝冰饮的

多年来努力完成自己的各种小小愿望，把眼前想做的事情尽力做好。

我们也会逐渐明白，自己能做什么，又到底是谁。

照片，就被人说是完全不照顾孩子的健康，把她气得哇哇叫。有的名人妈妈只是聊聊自己孩子学话较迟，就被人家说是"应该是你不常跟他讲话，他才不会讲话"（暗骂你没尽到责任）。我认识的一对街头艺人父母，周末表演带着自己孩子在旁边，被路人指着骂："不要脸，靠小孩赚钱！"

这个社会，谁都可以有意见。对自己的人生没主张，对批评别人却很有意见，不失为一种"名嘴"现象的燃烧。

无疑地，身为一个人，你必须对自己的人生有主见，否则，不管你怎么做，你都会陷入"父子骑驴"的困境。父子骑驴，就是爸爸和儿子牵着一头驴进城的故事。父子都在驴上，路人说你虐待驴；父亲在驴上，人家说虐待儿子；儿子在驴上，人家说儿子不孝；两人都不骑，人家说两人傻，最后两人气得合力把驴抬进城，这样总可以了吧？（当然，这是傻到失去了理智，哈哈……）

不然，就是陷入了"阮玲玉"困境——黑白片时代的巨星阮玲玉，二十四岁服药自杀，留下"人言可畏"这几个字。

把人言看太重，必然可畏。

所谓他人的意见，常是三百六十度都有，你听也听不完的。

一个真正能在人生中做到什么的人，谁没有抵抗过"人言"？

要一直听着"人言"，或所谓多数人的意见，这一辈子只能做一只唯唯诺诺、莫衷一是、畏畏缩缩的羊。终其一生，人云亦云，结果没人真的对你满意，你对自己更不满意。

我看起来好像对自己的主张很执着，这样的个性也多半是经过抗争与考验而来的。

因为我成长在一个在意见上很人云亦云的家庭。

比如，我弟弟想念美术系，家长没问儿子意见，却东问西问一些只有初中毕业、诸无关亲友的意见，还派代表来我家劝说弟弟。

我弟当时既好气又好笑。

我只大我弟不到两岁，却是他唯一支持者，嘴里不好对长辈说什么，心里的想法却是："你们自己回家管好自己和自己的儿子吧！"

我弟弟后来还是念了美术系，硕士时专攻的是 3D 绘画软件，

中年之后的他开发过许多款热门游戏。

那些说念美术系没出息的长辈，有的还像以前一样酗酒过日子，继续管那些自己也不懂的闲事。

成就不了自己，却想要操纵别人的人不在少数，依持的只是年长的倚老卖老而已。

多年前，我从法律系毕业时，大概有人太期待我能够从事一个可以替大家出气的工作了。有家族长辈弄了一张算命先生的批命说我最适合当律师和法官（这也装得太明显），毕业后还热情地帮我相亲，认为女生不应该念什么没用的中文研究所，念了没用，而且学历比一般男人高会嫁不出去……

似是名作家哈金说的："如果你有主张，就去好好地找真正的知音；真正的知音，不会存在于那些虚幻的市调数据里。"

别人的看法，都只是虚幻的市调数据。你的前途，从来不是他们的前途。

通过了不反抗就没法做自己喜欢的事的道路后，我逐渐成为一个只听自己意见的人，不管听到什么意见，一定会由自己的脑袋过滤，直到我产生自己的意见为止。

没有人天生是有自信的，但如果你常在自己脑中进行练习，你就会渐渐得到一种当机立断的本能以及一个求的不是完美解，而是最佳解的态度。

真正值得的意见，其实都是自己心中本来如此的意见。

对本来就主张较强的人来说，别人的意见并非不可取，但是，我们听得进去的，通常都是因为"其实我本来也这么想"，只是借助别人的意见来强化自己的信心。

但是也有所谓耳根子真的很软的人，虽然在我看来，这样的人比例大概只占一成吧。他们大部分是在非常顺服的环境中长大，或者自己完全没有独立的求知欲，一直觉得听别人的比较安全，而且还完全无法判断信息的真伪，社会历练也还不到可以明辨是非的程度。有的甚至达到被卖了还替人数钞票的地步。

不过，这样的人也还可以在吃过亏后慢慢长大。

其实这世界上存在的意见，你都要听的话，听不完；都要辩的话，辩不完。特别是在网络时代，以讹传讹的网民意见最多，有的还像煞有介事地有"科学研究数据"佐证，但都是编的。

信息多得像废水一样，我想，每个人的脑袋里都要有一个废水处理系统才行，如此才能把混浊的水变干净。

而处理废水是会有处理费的，处理完你还会生气。比如，连认为马来西亚有骆驼古物的笨蛋也可以来大放厥词是怎么回事？

还是忍不住想生气。

　　说真的，年轻时我很会为了"怎么这么笨"而生气，如今的我一再提醒自己，这不关我的事，是他自己有问题。我气，就是把掌管情绪的权柄送给不相关的人控制，是"着了道"。

　　我会问自己："这真是你想要的吗？是你自己的声音吗？"

　　别人的声音，并不值得一一去反击。

　　我有一个理论叫作"不是好球不要打"，坏球，就让他默默投，优秀打者最好不要挥棒，不要急着反应。

　　我们心中确实有自己的声音。

　　现今世上最有影响力的女人——奥普拉说："当我觉得不知所措时，我会静下来听自己的声音。"

　　静下来，就会有声音告诉她，该怎么做。

　　撇掉愤怒的影响，任何人都会变得更清醒、更坚定一点。

　　人难免希望有人认同，却不能处处追求认同而失去自己。

　　你熟悉自己的声音吗？

不要一直拿别人来跟自己比

两年前，我们的湖畔餐厅，来了一位新员工：相貌清秀的小员，男性，二十五岁左右。

他一来，第一天上班所展现的态度，就让店长大为振奋。

因为他是外场的熟手，来自某大型餐饮集团。他服务的态度、笑容以及受过训练井然有序的服务流程实在很亮眼，的确有"系出名门"的感觉。说真的，在这个当时只有三年历史的餐厅，在外场工作的都是刚出校门不久、缺乏太多人际交往经验、一直生活在纯朴乡间的孩子，要让他们做到让客人有宾至如归的感受，实在不太简单。

常常会有被顾客投诉了他们却觉得自己没有错的状况，比如，有人看某段时间没客人，就在门口跟平时在花园漫步的店猫玩，被客人投诉"不卫生，玩了猫还来送餐"。追查起来，他很委屈地说："可是我有洗手啊。"问题是，客人没有看到你洗手，这是外场人员大忌，但是他们常常已经被投诉了才发现这是不可以的，而且还讶异于为什么不可以这样做。

我真的很佩服某大集团的管理模式，虽然有时候去用餐时，不免觉得他们的服务讲解有点啰唆，常会打断朋友间的谈话——有时我们真的不是专程去品尝美食，而是去和老友叙旧的。

但是，我们的管理就是比人家弱很多。

大家都很努力，但外场一直比内场问题多很多。

小员一来，太棒了，完全不必教导，还可提升外场服务质量。小员的确贡献了许多心力，他也不怕辛苦，就算某一时间点拥进一大群人，他也始终保持笑脸。

不过，店长还是很讶异，为什么他要从比我们餐厅升迁机会多的大型餐饮集团离职呢？

小员说因为其他人都很混，都不求进步，他真的看不下去，和"那些人"处不来。

他也坦白说，我们餐厅环境较单纯，薪水也不差，他打算待两年，再考虑自己要何去何从。

不过，待了一年，小员就辞职了。

店长和他恳谈很久，他还是决定离开，还是"那些人"的问题。

的确，小员最大的工作问题，都不在服务本身，而在于常会跟店长说，谁谁谁真的很有问题，谁谁谁在打混，他提出的建议都没错，不过，却让他自己工作的心情很不愉快。

我告诉小员，如果我们每次都是跟"那些人"合不来，我们恐怕要看到的不是"那些人"的问题。如果我们总觉得自己已尽善尽美，却把视线聚焦在"那些人"身上，那么，可能是我们自己有问题。

我们内在何尝没有愤世嫉俗的问题？虽然，经过社会化的我们，在成年之后都企图表现得温和有礼。

然而，我觉得真正能解除"老是觉得别人不对"的纠结点在于：

我们可不可以不要一直拿别人来跟自己比？他们有没有进步，本来就不是我们要负责的问题。

一直嫌别人，无益于提升自己。

可不可以跟自己比较就好？

如果一个人真的觉得自己出类拔萃，的确应该有更大的企图心。鹤立鸡群的鹤，应该要想办法让自己飞到更适合生存的环境，而不是留在鸡群里批评鸡。

他不能只将企图心放在找一个看得顺眼的环境上面，而是要

找一个看得顺眼的位置。

就把那些抱怨别人的力气花在让自己更有能力的地方吧！

或许，他的问题就在于管理学大师彼得·杜拉克所说的："把事做对，不如做对的事。"他够聪明努力，做什么或许都做得好，但应该先想明白自己到底想做什么，企图心何在，而不是让自己一两年就换一个工作，只企图下个工作让自己心情好一点。

在我看来，虽然这世界存在着一些"企图心太大，执行力太低"的问题，但大部分人面对的却是"企图心太小，执行力用错方向"的问题。

说实在的，"企图心太大，执行力太低"的男性，往往给婚姻和家庭带来劫难，但是，"企图心太小，执行力太高"更易成为本来可以很杰出的女性的盲点。

就像假想剧《后宫·甄嬛传》里头的嫔妃，如果她们这么有能力在后宫角力，并且设下这么多局的话，那么她们每一个人的能力都不低于政务大臣，纯粹是迫于时代放错地方的问题（这当然是个假想剧，我们不必在此太认真）。

如果你心里一直觉得自己比同一个环境中的人优秀很多，那么，你可能要学会离开"鸡群"做一只真正的鹤，而不是一直当一只自命不凡的鸡。

来讲一位朋友的故事吧。美智（当然是假名，之后的故事情节，为免对号入座，描述略有改动）和我在二十多年前因旅游采访而相识，当时，她是一位非常聪慧的二十岁美少女。

她生在上海附近小镇，当时，大陆经济状况并不太好，想要出国读书，难之又难。

生长在书香世家的美智，一心想要出国留学，这也是她经历"文革"磨难的父母对她的最大期望。

美智非常努力地念英文，由于当时电子信件并不发达，而二十多岁的人生变动也大，我也经历搬家与出国等各种变动，我们二十多年没有联络。

这几年，由于网络发达，我们找到了对方。

这时候，我们已经都有了家庭，也都是一个可爱女儿的妈妈。

她回到了中国，随着丈夫住在广州，生活过得不错，是个少奶奶。

我们还相约到京都旅行过几天，对于失而复得的友谊，我们都很珍惜。我后来才知道，美智真的去英国念了大学，英文说得和英国人一样好，并且在英国公司找到汽车营销相关工作，有一度，负责亚洲市场，做得有声有色。

可是，由于她真的是一个坚持把事情做到十全十美的人，后来因为过度操劳与饮食不调，出现了胃出血状况。

于是，爱她的丈夫劝退美智，后来她也因为怀了孩子，放弃本来在英国的工作，回到中国当全职的家庭主妇。

让孩子回中国受教育是希望她打好中文基础，因为大家心知肚明，中国将是世界上最大的市场。

然而，能干的美智变了。

在她后来传达给我的信息中，常常出现各种不满的信号。她把她的战场转移到孩子的学校，她常常透露"别的孩子的妈妈怎么跟我比"的信息：孩子的便当，要第一；功课，要第一；行头，要第一……

最让我困扰的是，她对于我的要求与关切，常让我感觉有点怪异。

或许我不是一个活得太中规中矩的人，所以我们之间常会有一些莫名其妙的误会。

某一次，她发微信给我："为什么你要作践自己？"

原来，她看到我空间发了一张"晚上，忙完一天，喝一点威士忌"的照片。

我……才喝了 30cc 呀，有这么严重吗？

"别大惊小怪好不好？"我回答。其实我的确是个爱酒也挑酒的人，心想，我又不是酒店小姐，为什么要作践自己拼命喝呀？

一年多前，我开始跑马拉松，某日 PO 了"今天跑了六千米"，自觉得宝刀未老得意扬扬时，又收到

她的微信："你干吗要暴走，要作践自己？"

天哪，这是什么跟什么，我强身是为了活得久点呀！我回了她："嘿，可不可以不要大惊小怪，这样我真的很困扰……"

她发微信给我，常是几百个字，讲的大多是她从小的奋斗过程，多么辛苦在异乡打拼，是家族中第一个成功留学的人，曾经招致多大的嫉妒……但我实在不擅长也没有太多时间用通信软件交谈，只能简略回答。

她必觉得我不重视她。

有一天，我收到她近千字的绝交信。大意是说，她自小是优等生，是家族荣光，骨子里是骄傲的，如果我这么不重视她，只把她当一般普通朋友，那么她觉得受到很大的委屈。她交朋友也是很挑的……

我叹了口气。

我心里想的是，算了。如果我还是一位少女，朋友不喜欢我，我可能会很在意，连学校都不想去。但是，我的人生已经过了一半以上了，我的交友原则变成大家如果个性、认知真的不同，就不要互相干涉、互相卡住，请各自珍重，各自幸福好了。

然而，到底觉得可惜。我其实明白，她把一丁点小事都看得很大，一直在那儿比比比是因为她现在困在家中，失去了战场，无法大展宏图，所以唯一能展望的只剩过去。

一直希望在别人的生活中有举足轻重的分量，所以她才会企图发出这么多声音，她其实是希望别人由此注意到她，重视她吧。

人在江湖，我一直看到许多并不是故意要让别人活得不舒服，只是希望别人看到自己重要性的人。

说真的，虽然有时也会忍不住要啰唆几句"干吗要创业，干吗要做节目，干吗要忙得这么累"，但我真心感谢自己要应付的事情多，拥有的视野也不得不变大，更要肩负许多责任，否则，我真的没有把握，自己会不会成为一个自以为优秀却只能在小环境中孤芳自赏的人。

因为责任越来越大，而在磨炼下人也不得不成熟，所以不得不一直要求自己的能力要与时俱进，而不是一直留在一种感觉自己走不出来的困境中挣扎。

要求别人，比较别人，不如跟自己比较。

少年时，未必有什么企图心，只是不能安于现状的我，多年来努力完成自己的各种小小愿望，把眼前想做的事情尽力做好，然后，无法停歇地跟原来的自己比较，希望明天的自己比今天更长进一点。

这就是不假外求的成就感的来源。

啊，如果真的认为自己鹤立鸡群，那么，不要让自己住进太舒服的鸡笼里。

也不要在乎那几只啼声和你不像的鸡，每只鸡都有它啼叫的方式啊。

该逃就逃，
是人生美好的自由

我想我额头上应该有个像哈利·波特额上闪电疤痕般的感应器。

伏地魔在作乱的时候，这个疤痕就会隐隐作痛。

我这个感应器一向还蛮灵敏的。

仔细想来，前半辈子我是个没有太大志向、只是一个喜欢做点新鲜事、把事情做得让自己满意一点、向着光明一面走的人。

在环境训练下，因为不太喜欢一直输的感觉，变得意志力还算坚强。

然而，对我来说，意志力的成长过程其实是一个逃亡的过程。

我的伏地魔是谁呢？是一种巨大的负面能量。当这种能量变得让我头痛欲裂时，我只能靠边闪。

我不到十五岁时就一个人到台北读书。

身为一个乡下小孩，这在当时已经是立下大志愿，因为那时候的台北联招实在不容易考。我大概得考到全校前三名（可能还是第一名），才有机会考上北联的第一志愿。

我原来进初中时的入学成绩只是中等水平，而我当时非常非常瘦小，很多人小学四年级就比我高。

升初三时我忽然悟到一点：想脱离这个显然对我的未来来说没有太多发展可能的故乡，把试考好是唯一的方法了。

我的故乡好山好水，但对一个青少年而言，恐怕有点无聊。除了我的祖母沉默的身教和一两位从台北来的老师带来的欢笑声之外，我看到的人性成长面其实不是很多。

城市人总会说乡下的环境比较纯朴，也未必是对的。

虽然过了中年后，我的确很喜欢回乡，但坦白地说，那可能是为了田园风光，而非人文风景。

也许是因为经济上拮据和人们活得鸡犬之声相闻，也没有什么大事可做，我从小看到许多"茫然的大人"。

我在上一代的喜宴上看过亲兄弟醉酒后互拍桌子骂"三字经"

的争吵，我看过葬礼后为了争夺其实仅剩无几财产的家人互殴，我看过长辈妯娌婆媳同住屋檐下的互相憎恶。年少的我无声地看着，活在一个巨大的负面能量里。家里的笑声很少，未曾享受过任何节日欢乐的气氛，家长们连笑都很少，讲话一不顺长辈的耳就会扫到"台风尾"。就算是成绩很好，只要家里气氛不好，我依然会非常倒霉。

我的童年感觉就是不管我怎样做，我都一无是处。这使我后来在教自己小孩时，非常非常小心自己的修为问题。

当时我明白：只有成绩非常好，才能逃到台北来，这就是我努力的动力。

这是逃亡，如果要美化一点来说的话，是相当正面的逃亡。

当环境让你不舒服的时候，每一个人的内在，都有三种声音吧，一个是冲吧！一个是逃吧！还有另一个声音是忍耐吧！

必须坦承，我的"忍耐吧"的声音天生比较欠缺，极少出现。

我的原则其实很简单，对于有兴趣的事，就冲吧；对于决定权其实不在我的事，就逃吧。

改变自己容易，改变别人难。想逃，到底还是因为人的缘故。

我的逃亡过程很长很长。

大大小小。

要尽量让自己过得好，提醒自己享受生活的美味。

一个人与自然的风光和景色对话的时候，才会听到自己最纯净的愿望。

逃课算小的。这一点说来很不好意思，我不是好学生，其实本质上我也是个好逸恶劳的人。如果老师讲课太无聊，或我自认为已经知道了，整个大学四年我所做的坏事就是从后门溜走。应该要感谢台大老师不爱点名，不然我铁定毕不了业。

谈恋爱谈谈觉得不对，逃。所以念书时，让大学同学一直感觉我不断地换男朋友。

我不爱也很难交代理由，因为我自己也不明白是什么理由。

入社会后也延续着某种逃亡，工作闷了，觉得再下去没什么远景了，逃。

也不是真的很能适应各形各色的朋友，遇到个性真不合或爱聊八卦者，逃。大概吃过一次饭后，便希望今后不要再有时间相处，硬要让我去配合他们会让我感觉很痛苦，直说我不感兴趣则让人家情面挂不住。

逃，逃，逃，其实是我的本能。

"逃走还是面对？"碰到事情时，常成为我跟自己对话里头的第一句话。

年轻时候我逃的事情比现在多。

后来渐渐明白，很多事如果逃不了，还是必须面对，而且逃了后面会更麻烦——像被加重刑期的逃犯的话，那么，就别逃。

该承担的要承担，但是，也不能事事承担。有些事，的确事不关己，最好留给当事人解决，不用拿来往自己肩膀上放。

（话说这世界上多的是承担不了自己，却把别人扛在肩上大小事通管的人吧。）

想逃，不叫消极，不是眼不见为净，不能把头埋进沙里；逃走的人，要有出路，不然，那叫作躲，不叫逃。

至今我仍会想逃的，大概剩下下列几种人、物、事：

一、事：真的不想做却要我做的事。比如，跟某些话不投机却很热情的人应酬；比如，写应酬文字。

二、物：不想吃的东西，不想买的东西，拜托你也别再跟我推销了，我不会被说服的。不投机的话题，还是让我的耳朵清静些吧。不欣赏的人物，也别花时间讨论了吧。能这么坚定，也是年纪大的好处。

三、人：人比较麻烦。我觉得一个人过了中年，若还不会辨识朋友，那也未免太"天然呆"了。每个人应该都有交谈得来或志同道合的朋友；谈不来的，请和别人交朋友，不要装知心。

久混江湖的人都知道，说错话已经很麻烦，但是对一个错的人说对话，恐怕会更麻烦。

哪些人是我一定会逃，而也建议想活得好的人逃的，大概就是我前面所说的带着巨大负能量的人。

一、专门以讲别人的事情为乐者。

二、一句话就会让他想很多的人。

三、老是在抱怨别人的人。

四、一直自怜自艾的人。

五、会在好友背后说你小话的人。这种人很危险，看不得人好，就算你是他至亲。

六、强迫要把自己的喜好加到别人身上的人。这种语带威胁的狂热分子，现代交友网络上还真的不少。

七、讲话永远不明他真意的人。有些人讲话只求没错，开场白好长，好客套，却毫无真心，说唱都是表面功夫，那，为什么要浪费别人时间呢？

什么该扛，什么该逃，确实是我中年以后比较得心应手的功课。

同样一句老话：时间所余不多，不必互相蹉跎。

该扛的责任要扛，逃，连自己都会看不起自己。

该逃的若不逃，则会陷入泥淖，连自己也不喜欢自己的人生。

逃与不逃之间，靠的还真是对自己的了解和对过往经验的归纳。越来越明白自己之后，这样的判断就像哈利·波特额头上的闪电疤一样，天生感应灵敏，是不是坏东西，几分钟之内立见分晓。

人的经验值会慢慢增多，难怪有人说，年纪越大，恋爱会越谈越短，不合则去嘛。交朋友也是，老朋友历经各种考验，知心的就是知心。

当然，哈利·波特在小说里是注定要来对付伏地魔的。

但我们不必。

我们不必拯救霍格华兹。我们也没有神力对抗每一种不公不义。

该逃就逃，是人生美好的自由。

不管什么样的困境，
总是可以找到出路

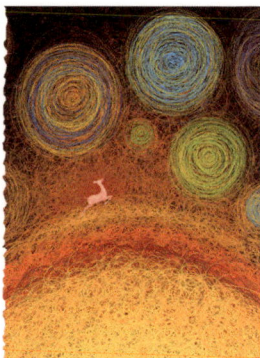

忙了好些天，某天早上，孩子上学后，终于可以补眠一小时，悲剧就发生了，"砰、砰、砰"，有人在拆墙壁！

感觉就是我床头的那堵墙！

原来，隔墙人家又换了邻居。

真是幸运啊。我嘲笑了自己一下，火速起床。

震耳欲聋的响声，我的耳朵一直属于超级敏锐型，到中年耳朵还是挺行，这么大的噪声，确实让我难以忍受。

看来，我等待了好久，好不容易可以享受大半天的"宅女计划"（安安静静待在家里做自己安排好的事），就这样泡汤了。

可是……可是我答应小孩，今天要做和风汉堡排的啊，我的材料早已安置在冰箱等我。这天晚上，我还得进摄影棚录两集节目，等我回来，就来不及了。

还是得现在做……

我是一个不喜欢食言的人，更是一个说话算数的妈妈呀。

忍耐着简直是来自地狱的噪声，我开始动手。和风汉堡排其实有点麻烦，要把牛肉、猪肉及洋葱、姜等细末混匀，还要为了让它结实点努力摔打。足足花了三小时，我做了二十四个胖胖的汉堡排。然后，出门上工。

虽然难以忍受，但是，当我专注做着汉堡排时，这些敲打的噪声对我的威胁变小，甚至被遗忘了。而且，在我小心翼翼（提防被油溅到）把它们煎熟时，回想起来，噪声变得几乎听不见了……

因为，我很专心地在做汉堡，一心想在限定的时间内将它做完。

说起来，这只是生活中不值得一提的小事。

我想介绍的是一个神秘的乾坤大挪移心法，这个方法，看起来很简单，但帮了我很大的忙。

那就是当一件事让我痛苦又驱逐不散，必须面对时，那么，最好的方式，并不是一直被它困扰，而是把自己的注意力先转移到其他有趣的、让你可以专心的事情上面。

当然，某些让人生痛苦的噪声还是先逃为妙，但是当你一时逃不走或它无法去除时，我必须想办法让自己不焦灼于此。不要整个脑子里都是它，不要只是消极地被它控制、被它困扰。

不管走到什么样的困境，总是可以找到出路，只要有心。

就跟我在《挥别迷宫老鼠的焦虑》里谈到的类似：

首先，先放下你的脑神经。

人在痛苦中，若还是用我们被痛苦束缚的脑子思考，恐怕看不到痛苦之外的天空。

有一位女性友人，面临着和她交往七年的男友分手的境况。

他们这一对，我是同时认识的，刚开始真的以为他们是一对夫妻。

他们是共同创业的伙伴。我还曾开玩笑说："哇，真不容易，公事和私事都混在一起。"

某天夜里，她（我们称她小慧好了）传简讯来，说自己好痛苦。交往七年，走不下去了。

我才意会到，原来他们只是一对很固定的男女朋友。

"这一个月，我只见过他几次面，他连我们的家都不回了。"

小慧说："我和他交往这么多年，一直是我在忍耐，安慰自己要宽宏大量。他总是有很多人要照顾，朋友的事就是他的事，前女友和前前女友永远关他的事，连前女友的家人有事，他也可以因

此对我失约。我渐渐明白，他这种博爱，或许永远不会改。"

　　这个月，是有事发生了。他为了帮某位友人选公会理事长，忙到彻夜不归，有人跟小慧说，他是在帮忙竞选没错，但旁边有个靓丽女子。

　　她是谁?

　　他说是理事长候选人的秘书，这选举怕有黑帮介入，这女子需要他的保护。

　　小慧说她本来想信任他，但还是查了一下这女子的来历。才发现他骗了自己，这名女子根本和理事长没关系。

　　身为事业女强人的小慧，做事还是有打破砂锅问到底的魄力。

查到他的行程，当面对质。

他身边的靓丽女子勃然大怒，骂小慧疯女人，甚至动手拉扯小慧，他虽然劝架了，但很明显的，小慧看在眼里，知道他站在新人那边。

她说自己哀莫大于心死。

这个男人还在一夕之间换了电话。

他，怎么这么狠？那么凶悍的女人，为什么他如获至宝？

我跟小慧说，感情起落让人难受，但是，如果明白了自己再争也还是失落，争回来了也可能是个留不得的。那就得忍受失落，虽然在别人的感情中，非当事人的我们真的无法说些什么。

她在沉重的沮丧和伤痛中，说什么，怕也听不进去。

我只是站在保护她的立场，请她不要再在这个感情事件中去争什么公平正义。

你或许是对的，他或许谈这段新感情是如同跟鬼拿药单，但是……

"请记得，不要跟鬼打架，也不要自己鬼打墙。"

跟鬼打架，意味着从事伤害自己的无谓争斗，越想赢，会越掉进复仇的狂热中，终至看不清楚事情的本质。

不要鬼打墙，别让自己一再地在伤痛中回想，否则，会越来越出不去，像被放进迷宫的老鼠一样，撞墙撞得满头伤。

痛苦有时会挟持我们的脑神经，使我们用尽全脑力去做一些其实没有用的事。

年少的我当然也有这样的经验，想要挥去伤痛，想要快意恩仇，想要还以颜色，越做越错。

被伤害，伤痕是会渐渐复原的。只要愿意静下来，找另外一件事，专心地做，甚至，换另外一个地方生活也行。总之是为了要变好。

后来自己为了想扳回一次所做的傻事，副作用可就比失恋本身大得多。

现在想想，是告诉自己："是啊，我谈错恋爱，我血本无归，我看错人，是我照子没放亮……那就算了……"

反正用掉的青春要不回来，是经济学上的沉没成本。

就算没念过经济学，沉没成本也要学。也就是说，那些投资，要不回来了，不管怎么加码，都要不回来了。

反正再走下去也没有好结果。

我们不必要执着于那一股恨意。

纵然不能忘，也要将自己的注意力，努力移开。

痛苦，会越想越让人扭曲。

是的，忘掉那个痛苦的噪声，若暂时无法逃离，最好另找事做。

不只是感情。

我相信，有时再爱一件工作，我们经年累月地做，都会感到厌烦，火气上升，感觉前头的路被堵住。

这种感觉在我的人生中出现了无数次。

有时会厌烦生活本身，有时会将怒气莫名其妙迁往最常在你身边的人，有时会因小小的事对人性绝望。

我会在自己咬牙切齿或疲惫不堪想要开始下一个悲观感叹之前，深吸一口气，站起来，去做别的事。

去做无关的事。或煮一道新菜，或跑步，或去一家新的咖啡店考察，或报名参加某一个以前没有时间上的课程……

再绕回来时，往往觉得并没有想象中那么糟，没那么严重呀。

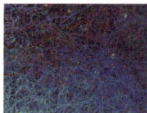

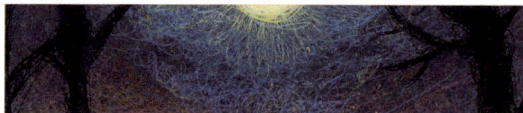

有时候想想，也不是别人的错，是自己强词夺理嘛。

我放下"执着"的方法，是"山不转，我转"。

在转动中，有时反而会看到一线生机。

有时，那个让你觉得很痛苦的改变，其实是一道光，指引你变得更美好的光。

所以，不能自己一直鬼打墙，在痛苦的地方兜着，不忍离去。

别追究了。

山不转，自己转！

这是我的困境乾坤大挪移心法。很多地方都有用，情场、职场，甚至是金融市场。

都不能死守，都得找方向。

我不要当守四行仓库的八百壮士，这不是战争。

斗争无所不在

有位大学时代的同校好友，在当了多年"流浪教师"之后，终于找到正职。

我和她，在大学时期算是有点熟又不太熟，毕业后各奔东西未曾联络，某个同学会中重新捡回友谊。

我们，当然都变了很多。我不再是以前的文艺少女（其实以前也不过是装气质装文静而已），而她以前体态比较雍容，现在变成了一个穿得很像美少女的老师，目前仍然单身。虽然上了年纪，打扮倒比多年前新潮，或许因为没有家累的缘故，说话也仍有青春无敌的态势。

同学当然很惊讶于她找到教师正职这个报喜的消息，因为当时一进大学就选师范大学念的，今年都已可申请退休，而她还是"新教师"。她从台湾最好的大学毕业，但从这年纪才职有定所来看，不知什么缘故，在求职路上不怎么顺利。

我们都恭贺她，但是，心里却为她感到有点唏嘘。啊，这么多年过去了……

半年后朋友们再次相聚，又看到她，问她在那个学校过得是否愉快。她支支吾吾地说，进那所学校时，她教的那科科主任是她以前的同班同学，本以为同学会给"最老的新人"一点照顾，但是打击她最大的却也是这一位。

漂泊有漂泊的辛酸，固定下来，又有另一种难处。

"当初想要当老师，除了喜欢教书之外，是因为我觉得这一行单纯，但是，真不是我想的那样……"她说。

而几乎在同一段时间，有位在大学教书的友人，辞去了工作。

她是一个非常温柔典雅、轻声细语、气质极佳又十分有才华的女人。或许因为她人太好，气质太优雅，从来不擅长斗争，所以从念书到教书，一路斗她的人不断，各种黑函和排挤也没少过。

她说那天她心情极差，于是忽然决定要去旅行一下，到了一个非常美丽的港口，看着满天彩霞映在海中，终于决定要辞掉工作。

教授是一个可以教到很老很老的工作，很少人勇于在中年时辞职。

我没有问她真正原因，总之，她看来是大彻大悟了，而她很有才华，中年后也有积蓄和其他可以做的工作，真的也不缺这份薪水。

我可惜的是她教书教得极好。不过，大学教授显然没有像我们影剧圈有"收视率评估"（意思是只要收视率高，长官再讨厌你也会装作很喜欢），学生疯狂选她的课，反而会引起其他人不舒服。

我笑她，辞职前看海的心情："这好像是屈原到了汨罗江，在想要不要自沉！"她苦笑。

还好，她仍能够凭着自己的本领衣食无虞。

无论如何，她已经做决定了。多年委屈，她决定不再忍受。

她知道，我也知道，这是人到中年的一种自由，不过，前提是，你要真的不再为五斗米折腰，家里要有一个米仓。

我自己也有这样的经历：就算那薪俸是五十斗米，但是真做下去还真不符人生原则，自己也不快乐，那么，"耻尸禄位"多年后，终有一天觉得真的可以结束了，轻轻挥一挥衣袖。

要不要忍，除了家中库存银两多少，年纪确实是决定因素。

年轻时，只能坚强，学会皮坚肉硬，不要太脆弱敏感，因为斗争无所不在，你就算学不会斗别人，至少也不要被人随便踩。

但若余年有限，如果可以，做自己的事吧。罗马竞技场留给那些勇士，我退场过我的逍遥日子。

财富在中年后可买得自由。

斗争无所不在。

我当过上班族、记者、自由工作者，出入过文艺圈、媒体圈、演艺圈、商场……

总归一句：其实，这个世界上大概没有什么真正单纯的、完全没有任何斗争的工作。凡有三个人以上，就有所谓人际利害关系。

不要相信有非常单纯的工作环境，除非你是厕所清洁工，那个厕所就只你一个人扫，才不会有工作纠纷。

如果那个工作是除了你之外，还有别人想做的，或可以往上爬的，那么，斗争免不了。

很多人的感言都是："余岂好斗哉，余不得已也。"

我父亲从小要我立志当老师，当时告诉我的就是校园里单纯，可以一捧铁饭碗到退休为止，还可休寒暑假。那时的学生很乖，也没有怪兽家长。

我父亲自己就是如此。他从没做什么行政职，就是教书，写论文，在一所商专老老实实教了二十年，下课后就走，也不太与同事应酬，二十年后，以副教授退休。他没有博士头衔，是凭论文升

等的，但也升不了教授，他一点也不在乎。

　　他这辈子不爱出头，也没真爱钱，从来不会理财，却会听一些奇怪的内线玩股票，又偶尔会因为太相信人失去积蓄，所以几乎没有存款，但至少每月有退休俸可以领。以前也发生过几次明知朋友拿的是空头支票，他仍然到处帮朋友调现的事情。至今个性仍然非常天真。

　　我妈也是小学教员退休，同样对于理财毫不精明。她也同情心十足，很难拒绝别人的请托，所以，不用讲你也知道会发生什么事……

　　人的关系是互动的。

　　我某些对财务的精明，实在是"三折肱而成良医"，后天慢慢地，不得不形成。

当然也糊涂过好些时间，只专注于本业，只要衣食足，根本不管账户。

直到我在某一天悟到：其实，如果你讨厌有人来争或跟人斗争，要终结职场斗争只有一个方法，就是能不干的人最大。能不干，要有"底"。

不会开源与理财，还真难有底。无恒产者无恒心，战不胜通胀，也难有什么底。

我在影视圈也二十年了。有人说这圈子黑，但其实我觉得还好，我常开玩笑说，那是因为没有人垂涎我的美色，所以我看不到黑。

影视圈主持人哪个不怕收视率？但从某个角度来说，也要感恩收视率，收视不好，老板怎么偏心扶植你，都挺不了太久。

有人说，最黑的影视圈在韩国。几年前有位韩国女星自杀的新闻，才掀起韩国影视圈黑幕。

女星以死控诉她的经纪公司老板逼她多次陪睡，若反抗就会被施以暴力，遗书引起群情激愤。但却苦无证据，造成了"大家都知道那个老板是坏人，但接受性招待那一方谁会认罪"，法官想要帮她伸张正义也没办法。

如果能活得有点颜色，那也是因为你做着自己想做的事情。

我学到了非常重要的事，不管怎样，要过得好。

直到二审，法官只能判定女星生前确实被迫陪酒，判这个坏老板赔钱。这笔钱，算来只有台币七十多万元。

这是迟来的公道吗？一条命，当然不止七十多万元。可叹的是她生前并不敢反抗这制度，她接受了，却十分自责，无限忏悔，直到赔上自己。

不敢反抗，是因为全然不得已吗？还是她一定要留在这个圈子里，所以有所顾忌？

不得已的痛苦当然有。但也只能说，这些把女明星当陪侍的"常在"（清朝内宫职位）的长官，通常也是柿子挑软的吃。

以死控诉是最傻的。民主时代，人不会完全不得已。别人要如此踩踏你的尊严，你不能也不必全然接受。

不该吞忍的，实在别吞忍。迟来的公道，毕竟不可能是真的公道。

我的原则绝对是人不踩我，我不踩人。

人若踩我呢？年轻时我必然出声。过了某一段年纪后，为了工作，我也曾选择忍耐。忍耐是权衡轻重后的选择，我是个不喜欢失业的人，当时只有这一份工作。

想办法沟通，想办法跟自己解释：他不是故意这样欺我。这样的人，旁边是谁就欺谁，只因斗性坚强。

我不承认社会黑暗，但也看过几次：有些人还真是两面人，表面温和有礼，温柔娴静，其实是笑面虎一只，专门在你看不到的时候伸出脚来绊你一跤。

好在后来有另一条路可走，就另谋出路。

忘了这个人比看见他时好——那么，还是相忘于江湖吧。

人最怕是出于不得已而斗之后，却又沉迷于斗争，最后冤冤相报，忘了自己存在的目的和本质。

斗争无所不在，不用质疑，但我必须让自己有个"底"，有可以走的能力。这能力，还是得有耐心培养。其中一定包括理财，有财可理，这样才能确定自己可以好好活下去。

人若踩我呢？其实也未必要费力回踩。有的，闪就是，别让他踩第二次。

你到底是谁，你知道吗

还是得从一个有点黑色的案子讲起。

有个中年男子被他二十出头的儿子杀了。

二十岁就娶妻生子的他，已使用暴力威胁妻子的性命许多年，这一天，他又在妻子睡前说了很过分的话。

大意是：我不如扭断你的脖子，让你只剩眼睛看得见之类的。

他会打老婆，但是，大概都不会到害命的地步。不过，他凶光四射的眼神，总让全家人感觉他有一天说的将会是真的。

儿子当晚睡不着，在客厅来回踱步。他终于决定杀了他的父亲，他很冷静地进行，然后自己打电话报警。

其实这个男人因为对家人施暴，已经被通报过很多次。只不过，只要有警察和社工人员一来，他马上变成温和的笑脸。

他是个虔诚的某宗教信徒，还常和一群师兄姐妹做义工、踏青，大家都觉得他是好好先生。

在家里，却变成一个恶行恶状的加害者。

他不在了后，他在家里的恶行恶状都曝光了，认识他的人都表示："真是难以置信啊！"

很熟悉的情节，不是吗？当一个人犯了大错，认识他的人总是很讶异，摇头说："不可能吧？我认识的他，人很好啊，怎么可能？"

很多犯了无可弥补的大错的罪犯在法庭上也会表示："当时像着了魔，不由自主，清醒之后，我后悔了……"

无论如何，在外人面前，做理想的自己是容易的。

在不觉得是外人的自己人面前，或在只有自己一人时，被酒精与其他药物催化，或被某些小小的事情大大激怒时，这些人就会不由自主地把某个隐形枷锁打开，变成比较粗糙的自己。

有时落差之大，连我们自己都不认识自己。

"你的 EQ 很高啊。"

当我听到有人这么赞美我时，我真的觉得很不好意思。

我心里明白，我的 EQ 还真的是天生差，实在差，非常差。

只是我不想或不敢表现出来。

遇到某些讨厌的事情时，我内心里的想法还真的很难听，当然还是不说出来为妙。

如今，看起来仿佛心胸比较宽大，比较不计较不记仇。对于说过自己什么坏话或恩将仇报的人，我也可以假装不知道，一样对他笑，那当然是思考过这才是最佳策略的结果。

比如说，荧幕上大家常见的某些专门靠嘴的人物，的确有一两位被我认为是"超级小人"，最好这一辈子不要有什么关联。

但在职场上，还是要见面。

我当然要有笑脸，虽然绝对不可能开口对他说什么重要的话，但也不必让他因为怀恨而找机会对我落井下石。

某次，某位小人还请我帮忙一件小事。由于是举手之劳，我还是帮了。

"你真的好度量呀。他（她）上次在节目上怎么骂你，你不知道吗？"

还好我没看、没听，看到听到，确实还会更生气。所以人家这么说，我也不查证，没亲眼看到的就当没事吧。

"不要太关心自己的新闻"是我在荧幕上还能存活的"乱世生存法则"。

有的根本是有人故意挑起的事端，不回应，一下子就过去；不知道，心里也不会有阴影。

《圣经》里说："多言多语难免有过，禁止嘴唇是有智慧。"说的就是"言多必失，多言惹祸"。

我是所谓的俗辣，绝不去搜索自己的名字。

当然这也造成蛮多笑话，当朋友用同情眼光看着我说"辛苦了""你受委屈了"的时候，我还常真不知到底是哪件事。而我身边很熟的朋友，在明白我这个"装死"的习惯之后，也不会再打电话问："这到底是什么事？""你真的跟谁不合啊？"（记者高兴写我跟谁不合就写吧，随便！我也不必为了假装没不合，就装亲

热……）

我有一群好朋友，相约大家不要问彼此被媒体披露的事，除非是好事！

你若要说这是一群"鸵鸟俱乐部"也可以，但大家都忙，好不容易相见，何必哪壶不开提哪壶？

进厨房的人谁能不惹油烟？台面上的人谁没有被踢过？

不过，要说我 EQ 高，我心里明白，那是控制过的结果。我的脾气绝对不好。

我只是决定不要发作。

我必须坦承有些时候，我会听见自己心里在骂"三字经"的声音。

很多话并不好听，只是我没有说出来。

讲一个比较温和的案例。比如正在聊重要的事，忽然有一位真的不了解状况的人来频频打岔，忽然生出一些根本风马牛不相及或问要为他讲解三小时的问题。

"这真的关你的事吗？还是只为了满足你的好奇心？"我的心里会这么说，"拜托请闭嘴！这一位到底是谁的朋友啊！真不识相。"

只是，我没有这么直白说出来。

我会问："请问你要不要再吃一份甜点？""咖啡凉了，你还是早点喝吧。"意思是嘴巴可以做其他用途吗。不然，顾左右而言他。要不，干脆拿起手机："糟了，我忘了打一通电话……"

我的耐性其实也很有限。比如遇到好久不见的朋友，结果他约你喝茶是为了推销保险或要你投资一个看起来像诈骗集团的东西。

如果你回答："我从不买保险。"（我当然有我的理由）他还会问你："为什么？"然后你若解释完理由，他还会用他坚持的方法来说服你，这种交谈比念书时打完辩论赛还累。当两个人想要的东西完全不同时，谈话绝对不会有交集。

我后来用的解决方法是：如果我们不是很熟的朋友，要约下午茶，可否先说明来意。有些事情，就不要勉强了。

如果我可以那么容易被说服的话，我就白活半辈子了。

当然，在过人行道时，如果有很没礼貌的车子按我喇叭，我的心里也还是会骂他一句难听话。

没骂出来，但是我明白，我的心里还是有一股类似"暴力倾向"的东西。

我知道我性子急，不耐烦，更耐不住啰唆，虽然不表现出来……

我的脾气一点也不好，只是越老越不易发作而已。我有些方法，

可闪、可逃，可避开一些必然的窘境，只因
教训多了，真不想承受发作后的副作用。

　　话说，我从杀人案开始谈起，要聊的就
是你到底是谁，你知道吗？

　　真的知道吗？

　　很少人天生就知道，都要经过多年摸索。

　　事实上，大部分的人都处于似懂非懂的
状况，而且有趣的是，我们对自己的认知，
实在和别人所看到的不一样。

　　自以为是贤妻良母的人可能是个悍妻，
也可能是个啰唆的女人。

　　自以为温柔的人可能用的是一种以进为
退的要挟在控制别人的人生。

　　自以为无所不能的人可能很自卑。

　　虽然大家都会说"走自己的路"，但自
己在哪里？路又在哪里？总要跌跌撞撞，真
正一路清楚的人不多。

　　多的是在中年后才大彻大悟的人。忽然

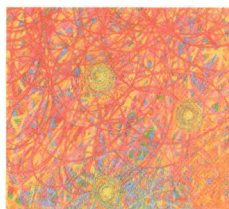

辞职去旅行，忽然转行去种田，忽然从文静书生转向极限运动。

忽然，是因为在某个时间点看见了某部分的自己。

这个"忽然"，其实是靠长时间摸索才得出的自我认知。

活到终于懂得自己，或发现自己长久误解了自己，也是一件好事。

为了生活，我也变成了某种"里外不一"的人。

比如说，在媒体圈，我是一个靠嘴工作的人。

其实我知道，我非常不爱聊天，不爱讲话。

有一段时间，经纪公司帮我请了司机，那位大姐真的很爱讲话。我统计过，如果我不刻意应付的话，我讲一句，她至少回十句。十句中有五句的意思是重复的，其他五句每一句都企图勾出一个可以聊很久的话题，每个问题未必集中在同一主题。

如果你不回话，她就开始像导游一样介绍路况；若你想让她安静一下，建议她听收音机，她还会就收音机播报的新闻像名嘴一样，发表一些很有自信的意见或评论。

直到我客气地跟她说："我刚刚真的讲了很多话，现在我必须安静一下，喉咙很痛没法聊。"同样的话讲了几个月之后，她才大有改善。

因为她总在媒体上看到我在讲话，所以她误以为我是个跟她一样健谈爱聊的人。

事实上，我是很享受安静的。

唯有安静和孤独，才能思考。也许说自己安静，很多不熟的朋友会跌破眼镜，但一整天可以都不讲话确实是我生命中的真实写照，如果不是可以一个人安静很久，怎么可能写作呢？

一直到现在，那种无主题要聊的下午茶邀约以及漫长而没有结论的讨论会，还是我避之唯恐不及的事情。

我了解自己对沉默的需要。

所以，如果觉得自己身边太嘈杂，我就需要自己静一下。

就算是坐在公园里看着天空也好，跑个步也好，看个书也好，给自己不必讲话的自由，才能减压。

"一个人会不会不安全？要不要我陪？"有时会遇到很热情的朋友这么说。

我现在都会直接温和地说："真的不用，我需要自己静一静。"

我真的不是那种很喜欢有人陪的女生。大部分时候我很享受独自一人的旅行，带着书和笔，如此而已，我和自己相处得很好。回国后，才有力气重新出发。

那些别人看似寂寞而无法理解其中乐趣的片刻，事实上是我生命中很自在的时光。

年少时曾以为自己害怕寂寞，但硬要跟大伙儿凑合时，在众人里却更觉寂寞，思绪混杂。

原来，和自己相处，才有助于我的减压。

了解自己之后，我坚持着，非有这些一个人的时间不可。在我每日的工作列表里，我会把我需要的个人时间也列出来。

那是重要的空当，有这些可以只跟自己交谈的空当，我才能活得从容，所谓的生命质量，才不会不由自主地粗糙起来。

"众里寻他千百度，蓦然回首，那人却在灯火阑珊处。"这阕词用来诠释我的中年心情，再好不过：我找自己找了很多回，在中年的时候终于找到了，在人最少的地方，我才是真我。

PART 3

用自己的节奏
过生活

你值得过得更好

人生的各个阶段都得解决不一样的恐惧，生命才能成长。

——Joan Chittister

我二十五岁的那一年，曾经辞职去巴黎。

那是我回想起来不知该哭还是该笑的事情，但现在看来，也是最莽撞而美好的一个仓促决定。

那是我人生中最困惑的时候。所有的事情都不顺利，简单地说，就是人生不知何去何从。

我从研究所毕业不久，工作一年多。那时的我，非常不快乐。感情，失败；人生，茫然。我甚至感觉自己没有未来，家不想回，连自己的情绪也无法收拾。

在这之前，我从来都不是个理性青年。做事全凭直觉，身边也没有什么智慧长者可以给我意见。我像一头蛮牛，凭着自己的一点点小聪明和小努力，冲啊冲啊，似乎还能走在所谓的正途上。然而，在那一年，我看到的仿佛是一片黄沙滚滚的大漠。

前头并没有路，我也失去了方向，在感情和工作上都一样。我觉得头上的乌云越来越张牙舞爪，周遭环境让我有很深的窒息感。

我像得了忧郁症一样，白天看起来好好的，但整夜不能睡。而心里也有个声音对我说："你完蛋了、完蛋了。"（我后来发现，只要在这种不能睡的状况中，都意味着人生即将有重大变革。我不可以假装看不见，我必须正视为什么不能睡这个问题，那代表我内心在抗议。）

我先辞掉一个薪资还算优渥，但内容不断重复的工作。我想，在一个"台湾第一大杂志"当一个吃喝玩乐的版面编辑，每年重复情人节和母亲节的专题这件事，好像也不是我愿意奉献此生的事业。

到新疆做了一个自己想做的采访后，我提取所有的存款到巴黎。

　　年轻的时候我是多么凭直觉的一种动物啊。我看了海明威的
《流动的飨宴》，这是他追忆自己二十二岁时在巴黎生活的点点滴
滴的一本书，于是一句法文也不曾学过的我到了巴黎。

　　我来到花都，因为无法继续面对周遭的一切现实。

　　海明威说："如果你够幸运，在年轻的时候在巴黎生活过，
那么，巴黎将会永远跟着你，因为巴黎是一场流动的飨宴！"

　　我只是在找一个可以逃走，又令我向往的地方。反正我什么
也没有了，不怕任何失去。

　　虽然当年在巴黎，我发现了最浪漫的城市最现实也最泼辣这
个事实。

一年之后，我又重新回来面对一切现实，赤手空拳回来建筑自己，我曾经日日暗暗咒骂这个地上到处都是狗屎的城市。

活了半辈子之后，细细追索这之后所有我之所以变成我的源头，我很肯定：

目前为止，教我最多事情的城市，应该是巴黎。

在法国，我过得不好，心情也很苍凉，但是巴黎默默教我一些东西。

人生中看似微不足道的小决定，一个不按牌理出牌的脱逃，竟然可以有那么强大的意义，不知不觉让轨道转了个大弯。

如果你是道德重整委员会中的一员，你一定不能理解巴黎。

二十年前，已经有一大半的巴黎人不愿意结婚。

有人生了四五个孩子，却还维持在同居状态。包括法国最有权力的几个人，也都过着这种"浪漫"的日子。

这座城市的婚姻并没有什么实际的约束力。

我当时听过巴黎的故事，是暑休时（巴黎的上班族也有暑假），太太跟先生说："嘿，我和朋友去玩了。"先生应了声："好呀，我也和朋友有约。"

结果，一周后两个人在蔚蓝海岸遇到。

太太和一个男人走在一起，遇到了带着另一个女人在海滩上晒太阳的先生。

两人淡淡说了声："Bonjour!"

走了。

暑休后，回到巴黎，一切回归正常生活，谁也没提起这件事。

这不是什么太好的婚姻模板，但你可以借此明白，他们对于个人自由的尊崇程度有多高。

当时我在巴黎认识一位香港出生，在某亚洲文学研究所教书的张教授和他的女朋友。两个人都近五十岁了，相处多年，但也都不认为自己应该结婚。

张教授说，他不会回香港、回亚洲。因为在亚洲，所有人都把别人的私生活当成自己的事，光口水就可以把人淹死。就算再有定力，还是烦不胜烦，只有在巴黎，他们才可以做自己。

是的，做自己。

巴黎教我最重要的一件事，就是好好地过活，做自己。

如果你仔细观察巴黎的女人，你会发现她们应该是地球上活得最自由、最自我的女人。

有个玩笑话说："巴黎没有四十岁以上的女人。"心境上，她们到老都还年轻地生活着，她们不像东方妇女一样以奉献牺牲为美德，自己也过得很有风格。

她们不减肥，但好像也不太胖，据我观察，原因之一是地铁总要走很远；原因之二是爱好美食，吃好东西确实比吃我们的黑心食品不容易胖。巴黎的菜市场光马铃薯就有上百种，奶酪有几百种，红酒有几千种。

她们吃饭，每一口都像在享受和品味，用自己不疾不徐的态度，说明了生命就是该沉溺在自己觉得美好的享受上。

她们没有太在意别人怎么说，坚信如果你能活得和别人不同，那就是一种艺术。

她们重视生活细节的美学，也享受自己正在做的事。

她们活得不像东方女性那么沉重，那么看人脸色。

地道的巴黎女人，不是群体的动物，一个人也很自在。她们不是做什么事都要得到别人认同，没有什么群体的包袱。

我学到了非常重要的事：不管怎样，要过得好。不管你是一个女儿、一个母亲、一个上班族，要尽量让自己过得好，提醒自己享受生活的美味。

就算我很忙碌，有时也累得像头牛，但我会尽量让自己舒服。

这并不是从巴黎回来就立刻能体会、能做得到的，而是随着年纪增长，渐渐越来越顺手地对自己好。

我从未因为过度工作而让自己吃得太坏。再忙我都不虐待自己的胃，更不虐待自己的情绪。

尽量让自己不留在阴暗的情绪泥淖里，我会企图用自己的力量改变心情，有时一杯美味咖啡或甜点就可以点石成金。

我不太盲从。如果这件事让我觉得不舒服，我宁可不做。

我想我是个不太有美德的东方女人，我常会直接且温和地在会议中提醒："可不可以说重点？"

或温和点明："我尊重你的意见，但请不必说服我，因为我不打算这么做。"特别是在有人推销产品或某种观念的时候。

我不太管别人家的闲事，非常不爱无特殊主题、东家长西家短的下午茶。如果有这样的空闲，我宁可放个音乐自己看本书。

我基本上把自己弄得很端整，只要我醒着。

我不太纵容身上的肥肉，会采取一种我觉得精神愉快的方式跟它们道别，我不自我安慰"因为我已经中年了""因为我已经生过孩子了，所以……"

我不想当黄脸婆。不想没有姿态与体态地活。

任何时候我都不会像在菜市场一样吼叫般地说话（此刻，我因隔壁家装潢，在咖啡馆写稿，对于邻座的大学女生私人聊天时，大声谈笑得像在演讲很不以为然。这是我在本地常看到的女性特

色：该小声说话时，比如私下聊天或跟小孩说话时，嗓门超级大，轮她公开演说时则声音小得像蚂蚁……采用适当音调与声量对华人女性而言，似乎是百年难以进化的问题）。

所谓的巴黎式优雅，不只是外表，绝对包括如何用适当音量说话，不是每个地方都是你家。

我不能接受"因为大家都……所以你要怎样"这种理由。

至今也不太能适应"啊，你一个人去旅行？没有带老公小孩去？"这种习惯性问话。

亚洲女人的孤独常被视为是不幸福。巴黎女人则认为这是一种享受。

我的"自我"比起她们还差很远。

但是，我是那种就算乱世浮生，生命中还是要有一些华美精神的信仰者。

我尽着一切责任，但我总是牢牢拥有自己。

我说的巴黎女人，未必是活在巴黎的女人，而是到老都相信，生命很值得享受的女人。

有半颗心，我始终放在巴黎。

至少，
不用再为爱那么混乱

广播直播中。

塔罗名师小孟坐在我对面，这是我们节目中的"塔罗时间"。

"我想要问的是，最近有两个男人在追求我，我不知道哪一个好，我好困扰……"

"说说看，形容一下……"

"一个比较大方，一个比较温柔……"

有点抽象。这样很难选，又不是在选冰箱，一个容量大，一个省电。干脆直接问："你喜欢哪一个呀？"

"我喜欢……我也不知道……"

不过，听她的声音……好像不是很年轻……

"你今年几岁？"虽说年龄是秘密，反正广播里只听得到声音。

"五十二……"

"我想请问的是，我将来还有没有机会找到好归宿？"

"你要什么样的归宿？"

"一个可以相伴到老的好男人……"

"你空窗期多久了？"

"三年了，我先生三年前去世。"

"不好意思，请问你几岁？"

"五十多一点……"她说。

我真是忍不住想说点话。

是的，不管什么年龄，爱仍有它的吸引力。

不管你有多大事业，若无人爱你，生命毕竟是有缺憾的。

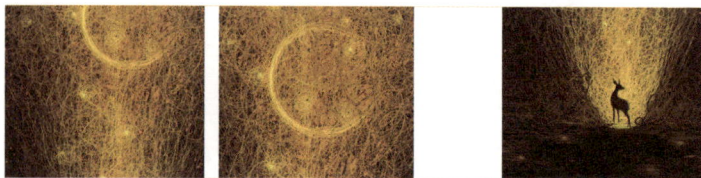

我都明白。

我很佩服女人在活了一大半之后仍有对爱情的渴望。但是……但是她们的声音仍然如此无助。人生走到了一半啊！这个时候，应该有比爱情更值得我们投入热情的东西吧？

我们可不可以不要只做一个等爱的女人？

可不可以，至少，不要再为爱那么混乱？至少应该能够看得懂，什么样的人适合自己？

我的确看过，中年之后才终于找到彼此归宿的人：两个人经历许多风风雨雨，或者曾有各自的家庭，最后，终于找到人生中最适合自己的人。在"夕阳无限好，只是近黄昏"时，还是决定在一起了，也过得很幸福。

成熟的人，会有成熟的幸福。

但我也看过许多到了中年，在感情上还和年轻时一样杀气腾腾的人。

在本地什么事都不算太怪的事。前一段日子有这样的实际案例：八十岁老翁在妻子去世后交了四十多岁的女友，每个月给予丰厚的生活费。女友出国时炫耀有男人对她多好，老人越想越生气，于是行凶，执行"如果你有别的男人，我就让你求生不得求死不能"

的残酷计划……

　　另一则是一对男女朋友，女友要分手，男人不甘心，尾随女友，要同归于尽……这男人想要强迫女友喝掉杀虫剂，所幸后来女友奋力脱困。

　　让人惊讶的还是年龄，男人已六十多，女友和他年纪差不多，都是后中年期了。

　　当然我们都看过，世界上还是不缺这样的母亲：遇人不淑或变成单亲后一直找个依托，但太急着找对的人总又遇到错的人；不管儿女如何受虐，她一定要跟一个对她十分粗暴的人同居，到老更分不开。后来儿子长大了，终有一天对抗起让他的母亲一直受苦又走不开的男人，于是……

　　这些故事的社会新闻原版都比我描述的更骇人听闻，我不忍详述。

　　我总会想，这一些过了中年期、理智应该有所体悟而荷尔蒙应该渐渐作用没那么强的人，为什么对感情的依赖仍然如此强大？

　　让爱和嫉妒在生命中还占着百分之百的上风？让冲动还像一股强大焦急的风，动不动就吹垮自己不坚不稳的人生？

　　年轻时爱情至上的勇气无论如何都可以写成文艺爱情小说。

中年时还用如此毫不理性的方法谈情说爱，实在没有美感可言。

我们在很年轻的时候，都是从文艺小说或电视剧里学习爱情。

越疯狂好像越精彩，我大概可以归出几大"愚爱原则"：

一、男人要用尽手段追求女人，女人用尽方法整男人。男人克服万难没被整跑，就是真爱。

二、没有人阻挠的爱情不精彩，最好还有情敌。情敌通常是富贵人家品格不高的子弟（类似《梁山伯与祝英台》中的马文才）。

所以如果没有真正的情敌，女人也爱自己制造几个：那个谁谁谁也对我有意思哦，仿佛掀起男人的嫉妒心才能证明自己有身价。

三、平淡很无聊。要有大大的误会，大吵大闹后才复合，才是轰轰烈烈的爱情。

四、爱一个人，一定要爱到没有自己，舍身为他，才是真爱。

五、如果一个人真的爱你，就会为你完全改变。像毛毛虫变蝴蝶一样完全变态。

年轻时读了太多文艺爱情小说，谈不好恋爱是应该的。

然而年岁渐长，如果没有悟得教训，那么一辈子恐怕都耗在非理性的痛苦里，浪费了一生。

齿摇发白，还在梦想罗密欧的女人大有人在，还在追寻梦中"女神"的男人也不少。一再陷入感情的旋涡，并没有享受到爱的甜蜜温暖，只有烦恼与互相折腾。

可不可以从梦中醒来，正视自己所剩的时光中是不是有比较有趣、自己可以决定的事情做呢？

把人生的圆满与否完全依托在另一个人身上，其实是一种推卸责任的行为。

到老还幸福的恋人，绝对不是渴望轰轰烈烈爱情的人。

要长久相处，毕竟还是嘴下多留情，没事别激怒对方，大事都化小，小事就算了，过去事不再提……改变他不如改变自己，再爱一个人都得爱自己。

越想得到爱情的空虚的心，越容易被爱情舍弃。

好聚好散是风度。爱永远无法强求是真理。

千万别爱得死去活来。否则，爱真的会很快死去。

我是这么认为的：最可贵的固然是到老还有追求爱情的勇气，但真的不值得再为了爱情投注所有力气。

除了爱情之外，此生如果没有所爱的事情可以点燃我们眼中的火焰，那么，就算是天上掉下来的美好情人，也没有能力填得了心灵的空虚。

人生没有进步
就是一种退步

有时要感谢生命中碰上那几位很极端的人，给我很好的写作灵感。看他们摆荡在无边情绪中时，我就自然会处在自我检讨中。

虽然我也不是一个完全理性的人，但我很怕的是某种无所作为的感情泛滥。

只活在一种没有出口的情绪当中，然后，把哀号与抱怨当娱乐。

她就是个中翘楚，小我几岁，但也早就是中年了。

她抱怨着她的干眼症。因为医生说，有干眼症其实是年纪大了的老化现象，也是前更年期的现象。

她说着说着竟然哭了："我好担心我的生理期再也不来……"

"请问，你担心更年期它就不会来吗？"

"当然不是……"

"那你为什么要担心成这样，它总会来。"

"我不相信我老了……"

"不管你相不相信，老都会来。"我说。

"你这个人怎么这么冷酷？"

"我……"我又气又好笑，我还比她大，如果我真的要烦恼的话，应该可以登上比她更值得安慰的优先顺位吧。

"我的白头发越来越多了……"她继续哀号。

"我——也——有。请问谁没有啊？"

"我得染发，有白发留长发就不好看了。"

"我早就在染了。"我说。而且我自己染得又快又好。

而且，光是干眼症，她不止哭一次，白头发滋生也哭过两次。

"我每次哭，都会有女人陪我哭，你不是女人！"

"奇怪，为什么要哭？要让我哭，还真不容易！"

真抱歉，每个人的泪水用法都不同。我通常会在感动于某些人，尤其是他们不顾一切的向上精神时，泪湿眼眶。我确实不太喜欢跟人一起"楚囚相对"，一起流不争气的泪水。

这不是我的人生，如果我从小就哭完算了，抱怨完算了，哀号完算了，那么我现在的人生再怎么糟也该认命算了。

当她在诉苦的时候，好像觉得用泪水就可以解决所有问题。也许，她习于将泪水当作武器吧。她的确用泪水得到许多，也许她从小貌美，知道当一个"我见犹怜"的女人，可以从英勇的男人那儿得到很多。

我就是没有这个福分啊。

我知道唯一有用的是解决问题。泪水或许可以央求某些人的怜悯，让别人见义勇为帮你解决问题。但你不会成长。

某一阵子因为工作的缘故，我必须规律性地见到她。

举凡儿子顶嘴，老公讲"我爱你"时不够诚恳，别人家的狗生病了，家里的亲戚住院了，她都可以哭得稀里哗啦，常吓到我。

因为她的泪水太充沛，我每次看到她，都越来越害怕。

还不只泪水让我害怕。她对别人八卦的探听欲也让我害怕。

"谁谁谁是不是同性恋啊？谁谁谁到底有没有小三哪？"她问的都是我认识的公众人物。

"别人的私事，不关你的事。你认为我可以回答吗？根据我的职业敏感度？"

虽然，我老是这样回答，她却总是不厌其烦，也不怕碰软钉子。

"你这个人怎么这么不近人情？"她碰到软钉子时会这么说。

我只能说，她大部分时间不必工作，有人奉养还真的是很幸福。

人在江湖，舌头岂能真的放肆。

如果，一定要有泪水、讲八卦才是女人的话，就当我不是。

在我的印象里，由于衣食无缺，幸运的她只有靠"讲话"来生活，从来没想过要解决任何问题。

直到我离开某个工作，不用再看到她的泪水，我觉得人生的障碍少多了。

这一种是比较极端的泪水腔肠动物。

另一种腔肠动物更多：人生没有进步的原因是总把问题往外面推，从来不肯亲力亲为思考解决。从来没有相信过，自己可以改变些什么，未曾想过只要我自己做什么，我就会比较快乐，只每天想着只要别人怎样……我就会快乐了。

这样的人不少：像感情的腔肠动物——就拿海葵来说好了，一碰到外在有状况，马上把自己蜷缩起来，兀自紧张、痛苦、焦虑，躲进某种不动状态中，不移动，有什么反应什么，过了几千万年也没有什么进化。

腔肠动物，是一种一直自愿停留在低等动物阶段的动物。

有时想想，过了半生，我也许也没有活得太好，但至少没有变成自己讨厌或害怕成为的那种人。

如果这是全世界人的问题，那就不值得烦恼，因为你烦恼也没用。

任何问题都不必用来做情绪上的自虐。应该想的是：是不是可以解决问题。

如果这问题不可能解决，那么，就只好接受那个问题。然后，企图让自己过好一点。

任何经营者最害怕的一种员工就是，几乎都没有思考怎么办，就马上反应的员工。有的，并不只反应现实问题，还会马上反弹，反弹的都是情绪性问题，比如"万一""如果""可是"……

他们想的是"万一怎样，我可以不必负责""如果怎样，就做不成了""可是一定有什么事，阻止我完成"……

他们创造的问题比解决的问题多，却抱怨着自己是千里马没有遇到伯乐，良臣没有遇到明主。

我也看到许多人"勉励"年轻的孩子，最好二十岁就要立志找到一个有保障的铁饭碗，这样就可以安稳终老，用同一种反应、同一个方式活下去。换一种正面说法，叫平安是福、知足常乐，像腔肠动物一样简单地吃喝拉撒睡，却没有体悟到：这几十年的人生没有进步就是一种退步，浪费得奢侈且可耻。

或许每个人的人生有他自己的任务，但腔肠动物——当外在环境剧烈改变时，它只能安静地坐以待毙，并无任何选择。

不要被泪水淹死啊。

人生，一直在找出口，找生路，找解决方法，当然也很辛苦，但是，如果可能，我仍选择如此。

一生靠自己挣来，岂不是最畅快的吗？

日子踏实，心里充实，人才会自在。

有时候，那个让你觉得很痛苦的改变，其实是一道光，指引你变得更美好的光。

真正的爱，
是且行且珍惜

某场喜宴中，我坐在一对婆媳旁边。

这一对婆媳，气质非常好。

婆婆和我聊起天，她拥有一家医院，生的儿子女儿全是医生，娶的和嫁的也都是医生。

即使到了健保时代，台湾最难考的也还是医学系，他们家真是优秀得让人瞠目结舌。

婆婆指着媳妇说："她了不起，生了孩子之后，放弃医生的工作教养小孩。我的孙儿也很聪明，两岁就开始读书识字，四岁半进小学，八岁小学快毕业了……虽然年纪最小，却考全班第一名。"

真的……优秀得让人叹为观止了。

听到这么厉害的案例，家里有学龄子女的母亲，应该都会捏一把冷汗，自惭起来。我当然也不例外。

想想我们家那个念幼儿园大班的小孩，我们真的在智力发展上差很远。不久前，老师还问我们："这孩子因为早产，所以不得已被往上一个学年提的（也就是本来要上小班，结果一去就包着尿布上中班）。要不要特别申请一下，让她留级一年，以免以后念小学赶不上大家？"

我们两个人完全没讨论就异口同声（还真很少这么意见完全相同过），就让她将就跟着念上去吧，就算最后一名也没关系。因为她的同学如果都直升小学了，而她留在大班，她的心灵一定会受伤。

她很喜欢她的同学，这最重要。

她是个开心的孩子，从小没有被阻拦过表现自己。她也是个讲理而不暴冲的孩子，我认为那是因为家里从小没有人用"骂"的方式吓阻她。

虽然，她到现在恐怕连一到一百都没有办法一个人清楚数完。

像我这种从小自以为聪明，求学时只要努力就会通过考试的人，也曾幻想着是不是会生出天才。

结果，经过了怀孕中期后各种并发症发作，早产了两个月的孩子以及我都在医生妙手回春下才活过来，我每天祈祷的内容越来越"卑微"。人家是从"只要孩子健康就好"为基本愿望，我是"只要孩子能活下来"就好。

上帝真的听见了我千万次的呼唤。所以，她出生后两天，开始会动了；通过层层生死关卡与检验，她变成一个活泼健康的小女孩。

由于早产儿的脑部重度出血，当时脑神经医师一直担心的脑性麻痹和运动神经元受伤，后来，都消失了。

这是我当时宁可赔上自己一条命也想要换到的——她的健康。

她若考最后一名，我当然也可以接受。

我明白，我不可以贪心。我的承诺是：要让她变成一个有生存能力的孩子，能让自己活得开心的孩子。

当她变成一个情绪平和、没有智能障碍又很爱笑的小孩时，我已经觉得自己中了十亿乐透彩。

我和她，我们这捡回来的小命，不活得充实快乐点，那就太对不起上帝了。

我相信的是一个快乐的人才能够带给别人幸福，且不要太早戴上什么"做大事做大官"的大帽子吧。

常常看着孩子身边的父母紧张兮兮地买《我是这样把孩子送上 XX 大学的》之类的书来读，一直想着如何改进教养方式让孩子更能发挥"潜能",我这个妈妈显得"格局"与"远见"都不够。

我只有三个原则：

一、观察，陪伴，不要为她决定太多事情。

二、不要让比较心影响我和她的感情。

三、不要把我自己没完成的梦想全部丢到她的肩膀上。自己的梦想自己实现！（说真的，我好想对那些过度严苛控管、望子成龙的人说："喂，你自己先飞上天当一条龙嘛，好歹要来个上行下效！"）

对于人家的孩子是天才，一跳再跳、一直跳级这件事，我虽然赞叹（不想当酸民），却并没有企图追随的心理。

我不喜欢各种"跳级"，因为我在江湖中打滚多年，心里明白：人最需要同龄的朋友。独生子女更是需要同伴陪伴。爸妈再好玩，你还是会发现，有小孩一起玩，她的表情和心情是不一样的。虽

然小小孩可能十分钟会互相推打一下，会抢东西，但是他们还是
会玩在一起。

我们不都是这样长大的吗？能跟同学玩是多么高兴的事啊。
为什么长大之后就忘了当时的心情？

对于那些自认为很优秀，不相信学校教育，辞了职回家当全
科老师教自己孩子的家长，我也实在不相信孩子会真正"各方面
发展良好"。

我有一位十五岁就上大学的朋友，他说，当人家都在谈恋爱，
而他却被当成愣愣的小书呆子时，还真是不太好受。另一个女生，
因为跳级比同学小两岁，她的确是个天资聪颖的人，也生了天资聪

颖的孩子；但当了妈妈后，她发誓绝对不让小孩跳级。以前年纪小，为了企图融入大家，她变成一心想要讨好大家的人，不断掩饰自己真正的感觉与想法。在中年之后，寻寻觅觅才找到自己。

人生到了下半场的我，回头看看最前头的那四分之一场：我也是一路在学习道路上顺风而行的人哪，当时的我可以说是达到太喜欢考试的地步。我还曾经很不经意地打开成绩通知单，竟然发现我考了北一女模拟考全校第一名呢。同时，我也从来没有牺牲睡眠时间读过书。

我自以为聪明。

可是，又如何？后来入了社会，打击很深；谈不好恋爱，内伤也深；学习智商和情绪智商还真是两回事。

因为自己各式各样的反应错误，吃的苦头只有自己算得清楚。我终于发现自己最大的竞争者与绊脚石不是别人，而是我自己。

获取文凭的智商和在社会上好好活出自己的智商，交集很有限。

人生啊，并不是短跑，而是马拉松，是死而后已的路，没有确定的公里数。

先跑，跳着跑不会赢。

赢了别人的也没能真正赢多少。所谓优秀就只是比跟你处在同一个田径场的人快吗？我们的一生肯定不只是在与他人比赛。

这也是我经历岁月沉淀后才看懂的事情：

珍惜能够互看、互相微笑的时间，而不是一直提醒着"嘿，远方有什么，我们赶快追过去，快、快、快！"

人生中最珍贵的片段都存在于细微的感触里。所谓的记忆是感受，所谓的经验是领悟，所谓的幸福不是飞奔疾驰把别人抛到脑后的成就。细嚼慢咽与匆忙吞下所吸收的东西绝对不同。每个人的心中自有最适合他生存的节奏，那不是除了自己以外的人可以决定的。

我只愿且行且珍惜，让我的手心真的能感觉到孩子的温度，我要不疾不徐，这样微笑着陪伴她。

一切都有它
的意义

　　有个年纪差不多的朋友，她的人生路比我坎坷得多。

　　她的人生很像现代版的灰姑娘。自幼丧母，打从有意识以来，继母就让她工作、工作、工作。小学时就要到市场摆摊，因此练就一番招揽生意的口才。

　　父亲做生意老是失败，继母就要她帮忙家计，中学时就辍学，假装她已经成年，在当时非常风行的声色场所当女侍，做串场主持。

　　她告诉我，即使到现在，她还会从噩梦中惊醒。梦见自己衣服穿得很少，站在色情场所的舞台上，台下阿伯大声对她叫嚣：脱呀、脱呀，快脱衣服！

　　然后她开始奔逃，只是不管往哪个方向都碰壁，只看到手，好多双手急着撕裂她的衣服，她在尖叫中醒来……

人生的梦魇很难去除，不管你是否已经远远脱离那个牢狱。

她奋斗了很久，才把自己变成了一个表演界的"品牌"，一个有资格昂首阔步的明星。每一年，她都会固定跟少年时期一起在困境里搏斗、情同姐妹的两个友人聚会，每次都是按照一样的程序进行：叫一瓶烈酒，三个人在一起边喝边叙旧，其中一个人先哭了，后来三个人都喝多了，大家抱头痛哭，直到她们的先生把醉茫茫的太太扛回家……

她现在有了幸福的家庭，但过去的伤痕，像不好看又潮湿的微生物，还是藏在心灵深处作乱，想忘不能忘……只能定时拿出来晒一晒，以免它在阴暗处继续生长。

偶尔忆旧遣悲怀，也很健康，只是不要太频繁。

每个人都有他的"梦中咆哮"情境，我也有我的。童年过得不太开心，少年时期因为很早离家过得辛苦，青年时期因为自己的莽撞与任性，所以试过很多"早知道绝对不要这样"的错误。有我对不起的人，有对不起我的人。

有许多年，在梦中我常对一个特定的长辈生气，因为这个人自己无法控制他的喜怒哀乐，一再把幼年的我逼得也像个不知道该怎么自处的"灰姑娘"。他在梦中也老是为难我，我偶尔会在大叫中半夜坐起；也曾经梦见我手持利刃把他杀了，然后自己愧疚不已，

一直在想："怎么办？这样不对吧？现在糟了，我该自首吗？"

尖叫醒来，浑身冷汗。

这个噩梦在三五年前逐渐淡出我的生命。

真正的原因，其实是因为我跟自己谈妥了、沟通好了；而我也比较明白事理了，成熟了。成熟了（"老了"的比较正面的说法），懂得处理恨意了。

面对爱，可能来自天性，而处理恨，需要的是自己的领会。

"就是这样造就了我啊！"我对自己说。

我们不是可以这样想吗？

就是因为被讥讽和看不起，所以知道要靠自己。

就是因为无依无靠的感觉，造就了我的独立。

就是因为不管怎么讨好还是失败的感觉，成就了我的果决。

就是因为一直担心没饭吃，所以训练了自己的谋生技能。

就是因为怕没钱或曾经被掏空，所以学会了如何理财。

就是因为辛苦，所以懂得珍惜。就好像牙若不痛，你不会感谢它曾日日为你效命；胃若不痛，你还真不知它的存在。

然后，渐渐明白：

无论你遇见谁，他都是在你生命中本该出现的人，就算他带来的是灾害。

无论发生什么事，那都是对你生命有意义的事，只是现在还未能看出来。

即使事情在最意想不到的时间点发生，都是它该发生的时刻。

已经结束的事，就是本该如此，大家无缘。不用"早知道"，正如不用怀想旧情人，因为你若选择跟他在一起，不会更好。

如果你没有更好，没有任何过去的选择真的会让你更好。

我这么说，并不是认命。

我认了过去的命，但并不愿意认未来的命。

过去是注定好的，未来并不是。未来还在跟我们持续互动中，不管我们几岁。我们仍然握有某种"尽人事听天命"的决定权，或许有时未如人意，但我们自己的掌握度并不会降低。

每一次，有周遭的朋友（她们当然比我年轻许多）生了小婴儿，我都会为她们感到十分欢喜。有一次朋友问我："如果早知道小孩这么可爱，你会不会早一点多生几个？"

如果这世界上真有"早知道"的话，我有可能会多生几个。但是，事实上，对我来说，现在这样就已经很好了。

虽然我这过程是下十八层地狱般的惨剧，先是打了几百支针，怀孕中期得了血压不断往上升、什么药也挡不了的妊娠毒血症。其中一个孩子心跳停止，可能是因为免疫系统启动的原因，腹水从血管中涌出；让我像童话里那只肚子被塞了七个大石头的狼，又渴又不能走动，且最后几乎难以呼吸……产后还因为失血得了败血症。一直到现在，我的高血压也要靠药物控制（如果我不遵照医嘱的话，医师说，再过十多年我恐怕就是洗肾病患）……凡此种种，我并没有后悔没有"早知道"。

以我这种从小并不立志要当贤妻良母的人，不可能"早知道"。

如果"早知道"，也可能觉得自己是不得已的，不会"早幸福"。如果不是我已经渐渐成熟到这种地步，我的孩子也不会过得像现在这么好，每天灿烂地笑着。

妈妈对她的诺言就是："什么事都好好讲""不强迫她""不

用自己的情绪左右她"……这是我现在才做得到的。

如果让我早当妈，我恐怕是个可怕的虎妈，三十五岁以前，我还真的曾是一个动不动就会被不高兴的事情翻转情绪的自以为是的"少女"。

而且，中年之后的我，已经脱离经济困窘期，可以比较有余裕地把我们生活上的各种事情处理得好一些。就算不全对，也比较像一艘在平稳海域里航行的大船。

换个角度想，如果我是我的孩子，我要选择的是"现在这个时候来当我妈妈的妈妈"。

至于我所经历的风险，我常自嘲是活该倒霉，做任何事情，天生万物都有"期"，如春天的花会开，秋天的叶该落，我这么晚才想做，那么，多受点惩罚也是应该的。

还好人还在，复原之后，调养之后，还是活龙一尾。

我不能一直想已经失去的任何东西，任何"可以得到比较多，过得比较舒服"的可能。

我必须感激的是，那些困难必然带给我什么。

当时几乎不能呼吸，感觉自己在生死边缘徘徊时，我在心里祈祷："是的，让我受苦没关系，请在将来告诉我，这一切都自有它的意义。"

这是我体会到的活在当下。

某一扇门被痛苦关上，而远处，必有一扇窗。从门到窗，甬道或许很长，但是，往前走就对了。过去，就放在记忆里，别让它为难你，也别让自己为难它。

别再怨过去。好父母好环境会栽培你，不好的家庭和环境则会造就你，那个决定要不要被栽培和被造就的，其实都只有你。

找难点的事做，
过舒服的生活

大概除了研究所时念齐邦媛老师的"高级英文"读希腊神话外，这么多年来，我最认真查英文字典，是前一阵子考英国烈酒WSET 二级的时候。

我向来对酒很有研究兴趣。这又跟当年考中文研究所时的自选专业科目有关，我考李白诗，另外一科考的是荀子，这完全两种极端风格证明了我个性中的分裂倾向，《将进酒》《饮中八仙歌》，还有我最喜欢的"两人对酌山花开，一杯一杯复一杯，我醉欲眠卿且去，明朝有意抱琴来"。总之，那些喜欢酒的古人，像陶渊明、李白，都是个性很可爱的人物，于是我成为我们家族中第一个爱酒的人。

我的家人大概都只有吃麻酒鸡时才会意识到酒。

我的酒量天生也不坏。

年轻时，曾经交过一群爱喝酒的文艺界朋友，我好多次在聚会上看到大家喝到醉茫茫时，自己则清醒离开，从未被人扶过送过。

"我看着她当着我的面喝了半瓶威士忌，面不改色……"我的画家友人曾这样描述对我的印象，那时我还当是赞美呢。

写稿时喝点烈酒，尤其冬天，是一种享受。喝了酒，有点微醺后，我会感觉世界忽然沉静，眼前只有一个想要写出什么的自己。原来古人所谓的斗酒诗百篇，只是稍稍夸大，却不是骗人的。

喝完酒后，我的心情安静无波，思绪十分清晰，本来有些小小困扰也不见了。这世界，只剩下我和我正在完成的稿子。

以前用稿纸写字时，写到最后一行，常是歪的，因为那时候已经喝到昏。

虽然我喜欢烈酒，但也不是真正的酒精爱好者。总是会挑的，除了四十度以上的烈酒之外，我只喜欢红葡萄酒。

后来决定酒量再好也不能狂饮，的确是因为受到了教训。有一阵子瘦到只剩四十三公斤，自己还很得意，忽有一日看到自己眼白变黄，拍所谓宣传照时，天哪，没修片时眼袋像丘陵，才悟到此事大大不妙。

已悟到我的确没有年轻时对酒精的新陈代谢那么好。

我还是没有完全戒酒，我只是相当控制。

怀孕时当然没喝酒。生产后惨了，血压是比最惨的时候还低了些，但从来没有恢复正常值，所以，更需要控制。

我常跟朋友自嘲，人努力了老半天，却在本以为可以享福的时候，享受到的是控制。

中年之后，明白挣来的钱是真有用，但却不能任性用。为了活得久，吃的东西受到限制，年少时吃不起美食，等吃得起时，很多东西还真不能吃。

中年人，不管有没有功成名就，实在没有那么自由。我们听过太多同龄英才意外早逝的故事，比如一忙完回家，在浴缸里泡个热水澡享受，怎么那么久没出来，原来人走了……不过四十出头……

噢，扯远了，我不是来谈酒的好处，也不是来谈养生的。我要谈的是我和酒的大梦。

我相信在一两千年前，当人类发明的娱乐还没这么多的时候，酒安抚了很多人的无聊和愁苦，也担任过药品的功能。有些酒，比如琴酒，刚开始就是当感冒药用的。

我曾经异想天开想要买酿酒厂。

研究之后，才发现酿酒真的难，要靠天吃饭。有的酒，如吟酿，要大量劳力，而且光苏格兰壶型蒸馏器那一大组设备，市售就要两亿。这并不是我梦想得起的。

我糊里糊涂开了餐厅后，就明白我的梦想有时应该要"适可而止"。然而，我的心中就是有着一个顽固不死心的灵魂，好歹沾个边它也可以稍微闭嘴，于是我对自己说：既然不能喝多，研究这个东西总可以吧。

然后我轻松考了 WSET 英国烈酒执照第一级，接着考第二级。哇，看到那本画着好多酿酒机器及好多专业用语的原文书，我差点没晕倒。

这跟我当时念 EMBA "管理会计学"的时候很像。没修过初会、中会，就学管会，刚开始还真是天书，一边念，一边感觉自己的头发正在变白。

唯一可以使上的就是硬功夫：一行一行读。

虽然一边跟自己说，"你是哪来的闲功夫找自己麻烦""考这个鬼执照真的有用吗"，但还是一行一行读。

我查字典查到眼都花了。说真的，有好多单词还真是一辈子没见过的。

很难，也有埋怨，但是我心里还有另一个声音在说话：

"我真高兴，难的又来了。"

那是一只饥渴的、一直想要吃掉比较耐嚼东西的兽吗？

我想，应该是。

它始终藏在我心中，要我去不知名的地方探险。它始终提醒我，人只活一次，你错过这一次，未必有下一次。它也常在呢喃："快喂养我吧，给我新鲜的肉吃 。"它也常在怂恿："怕什么，你没什么好损失……"

当我被困于杂音时，它也常出来拨乱反正："听我的，那些人都跟你无关。"

当我想要偷点懒时，它还会对我说："再忍一下，再忍一下，你要有耐心，再往前走一点，没用的东西！"

某次我听到一句叫作"生前何必多睡，死后必定长眠"的话时，笑出声来，因为太像"它"在讲话了。

因为它，我常常要自己离开舒适圈，做一点挑战自己的难事。

也就因为挑战自己的这些事，我变成今天的我，活得还算丰富，至少还没有活成年少时自己不想变成的那种人。

然后烈酒二级也考过了。

接着它又对我说："为了不忘掉那些英文，那葡萄酒二级也来顺便考一下吧。然后，也过了。我讲得很轻松，只因不想细述过程，其实并没有那么容易。"

说起那匹兽哦，之前也要我考过 EMBA，上音乐厅跳过佛朗明哥舞，演过要背三万字的舞台剧，要我转行当主持人，要我始终不能放弃当作家，要我去学陶艺，要我考潜水执照、玉石鉴定、咖啡师，要我去学摄影，要我去南极……

这些，现在的我都还可以理解。我最不能理解的是约莫三十六岁那一年我坚持要去满是鲨鱼的水族馆，下大鱼缸拿死鱼喂鲨鱼。当鲨鱼故意对我这个陌生人冲过来时，我用最狠的话咒骂它，还骂了发神经病的自己，可是水中只能发出呜呜呜的声音。

其实，打从十四五岁时我一个人离开宜兰的家，到台北来求学，它可能已经是一只煽动力颇强的幼兽。

从我很愚蠢茫然时，它的行动能力就极强。

我忘了说，还有我的马拉松。

这辈子我从没想过我会跑马拉松。

本来只是每周跑五公里用来健身的，随后，它叫我每周准时报到，又觉不够，又变一周两三次。

"你知道吗？不能跑之后就是不能走，不能走之后就是不能

坐，不能坐之后就是只能躺，只能躺之后就是……"

魔音穿脑，它恐吓我。

不、不，我不要……我家族里的长辈，都算长寿，但问题在于，遗传性的高血压会引起血管性失智与中风，让大家在去世前都躺了很久……我希望自己能站多久算多久……

我本来是个全校接力赛没有人会选我参加，跑四百米就昏倒的文弱书生呀。

不知什么时候，它蹿了出来，唆使我的运动魂。

先是完成两个四分之一马拉松，十多公里。它对我说："变简单了，再找个难点的吧。"

于是我糊里糊涂在活着的第五十年报了一个四十二公里马拉松庆生。

京都马。

刚开始我和一位也不太有斗志，但年龄只有我一半的朋友报名时，我们相约，只要跑完十公里，我们就去吃拉面，看当天热闹的手工市集就好。

不知为何，约定后，我心里没有变轻松，好像一直听到它在嘀咕些什么。

第二天早上，我们出发时，我不知哪根筋不对，转头对这位年纪只有我一半的友人说："我决定试试，能跑多久就跑多久，我——想——跑——完！"

她睁大了眼睛看着我，以为我疯了。

结果是：京都的路真是高低起伏得可怕，我跑了二十八公里，在撞墙期无法突破，两脚像被绑了铅块，真的举不起来了……坐上了回收车。

说真的，我都被自己的拼劲感动到哭了。之前，我最多也没跑过十公里呀。

上了车后，我竟然听到它还对我说："真可惜，都已经超过一半了，如果能跑完，不知有多好！"

还好，我心里还有一个慈母般的声音出现："你尽力了，你年纪不小了，你不会想要因为企图跑完而发生意外吧……"

这两个声音，常常在我心里对话。一个很会驱使人，有时也残酷；另一个很会安慰人，不时地想让我浪漫一下，活好一点，享受人生，不要累死自己……

后者还蛮能评估我的斤两，会喊"这样可以了"，给我一个休止符，不让我做什么太超出我能力范围的事。

多亏这两个声音，在我最难熬的时刻，没出现过"你完了""你毁了""你不行了""太难了你做不到"的丧钟音响。

百分之九十九的时刻，我是不打算花时间自苦的。自己当然不能为难自己。

他们是我的两条手臂。

我希望，在我还有力气的时候，我还在寻找着"耐嚼"点的事做，也过愉快一点的生活。

用自己的节奏过
生活

　　杜甫在中年以后，很难得度过了一小段太平欢乐的乡居岁月。《江畔独自寻花》这春光烂漫的组曲里头有一首绝句：

　　　　不是爱花即肯死，只恐花尽老相催。
　　　　繁枝容易纷纷落，嫩蕊商量细细开。

　　四月初，阳光天气，我在东京住处附近的樱花河岸闲坐，樱花雨落在肩上，忽然想到年少时的这首诗。当时，我读了，但没有真懂。
　　现在忽然懂一些了。
　　在那个战乱频繁、天威难测的年代，能拥有这样的片刻时光，是穷苦文人一生中难得的奢侈。

或者只有在繁华落尽，放弃了什么又看清了什么的中年，才明白什么是 " 嫩蕊商量细细开" 的美。

我这样在樱花树下打开笔记本电脑，在鸟鸣和落花中写着，或许有人觉得煞风景。但对我而言，当樱花落瓣掉在键盘上时，我因之目眩神迷地微笑了。

我不是一个喜欢跟着大家打着"慢活"口号的人。

事实上，我做事效率一直都很快，也总有着某一种果决。

但是，这种果决绝对和年轻时不一样：更坚定，但是也比较柔软。

话说人在成长过程中，所有的行为反应都是自己与环境交互作用的产物。从我开始拥有自我意见的那一刹那起，我对自己确实处于"严格要求"的地步。写作，写不好，那么就学王献之，把水写光，一天写个两千字练笔，也坚持了二十多年了。

当你习惯于一件别人认为是苦差事的事，便会渐渐地投身其中，不知不觉之间，渐渐地这件事变成了你的兴趣与喜好，工作与娱乐变得分不清楚。有几天放自己的假之后，会觉得很痛苦，面目可憎，深知若没有它，活着好像游魂。

　　不管你做的，别人觉得好不好，受不受到肯定，这件事情和你的魂魄已经上了黏合剂，共存共荣，无法失去。

　　学会把自己做好也是一样的。

　　这些年来我观察的是，和我一样个性的中年人，那些有一点成就的，都是习惯于高度要求自己的人。他们做什么事，虽然说是用来放松，或者也不是主业，却还是想要用一样的方法要求自己，这种非如此不可的旋律其实也不容易从自己的灵魂里除去。

　　比如，为了放松打高尔夫，结果要求自己在球场上也要赢，不惜把自己锻炼成运动伤害；开始跑马拉松，结果上了瘾，一个月跑四个马，还要要求自己成绩越来越好。

当然会有人劝告，但我的疯朋友这么说："可是，要我摆烂，我就是做不到。"然后他们在公司治理上，也会痛恨那些摆烂的年轻人，嘉许那些有自己年少时咬紧牙关影子的人。

我其实也还是这种人，只是经过了一些岁月磨炼，已经明白，什么要什么要酝酿，什么要忍一下才会圆。我相信的仍然不是"船到桥头自然直"，但是会暂缓一下自己的急性子反应，看会不会比较不"弯"。

我曾经是个要求自己要求到有点过分的人。刚入社会时，我走路都握紧拳头，几乎每天都用肾上腺素应付所有工作难题。

这还是友人告诉我，我才发现的。

这大概是中学后当了学校的资优生，老是感觉有人在看自己的产物。后来进了演艺圈，更加强了就是有人在看的感觉，所以长期在某种紧张下过活，几年前复健医师曾笑着对我说很少看到肩膀像我这么硬的女人。

除了肩膀硬，我还很容易生气，生"怎么会遇到你这么不努力的咖，你怎么都没有自觉？我真倒霉"的气。

花了很多年，我才把拳头松下来。

体会的是这几件事：

一、别人有别人的节奏，不关你的事（当然，除非他在你公司工作，而且很离谱，如果是这样，他可能是被放错了位置，请祝福他找到适情适性的工作）。周瑜气死不值得，因为生气改变不了什么。

二、再怎么忙，缓一缓，别忘了暂时走出自己的"快车轨道"，享受不一样的风景。

三、跟自己好好谈，找出一个自己不觉压迫的方法来完成想做的事。

四、你的人生虽然要往前走，但不需要只朝一个方向急急赶过去。

五、比起一科一百分，其他都不及格，不如做个每科都及格、维持平衡的人。

最后一个体悟，对我来说特别重要。我是一个本来就会尽力的人，我必须学习在尽力之后，不去要求达到什么预期的成果。

日本漫画家高木直子有本漫画叫《30分老妈》。

她的三十分妈妈，家事做不好，工作做不好，忘东忘西，时有脱线演出，但是非常可爱，给孩子很棒的童年回忆。由于她管得不好，所以管得不多，孩子可以适性发展，也学会独立。

三十分的妈妈不太严谨，所以好相处。

无论如何，总比一个让小孩变得很优秀、自己也一丝不苟的虎妈值得感激。

我目前碰见过的值得欣赏的前辈，所抱持的也都是这种"均衡人生"的理念，他们个个都是实践者。

我认识的 A 女士，是一位气质优雅的女性创业者。在她公司庆祝创办三十年时，我与她聊天，她告诉我："我是一个会尽力把事情做好的人，不过，如果要说起前半生，我要遗憾的事还真多。前不久，我的儿子问我：'妈，为什么那时候我那么小就把我送去美国读书？'我刚听这话时，有些不高兴，因为让他中学就出国，其实是他爸爸决定的，怎么推在我身上……但是，这当然是我的遗憾。我因为自己的公司，没有办法陪伴在他们身旁，让他们在青少年时期就必须独自到异乡生活。我儿子拍拍我的肩膀说：'妈，你别这么敏感啦，我只是想跟你说，虽然当时我活得有点辛苦，不过，现在我很不错！'"

她的儿子一个在金融圈工作，一个在当建

筑师，都有各自的成就。

　　话说，男性与女性的内心思考方式并不相同。她先生想的是"我把他们送到国外去，不仅可以让他们独立，而且可以放眼国际"，深信自己有远见，而她还是会因"真抱歉啊，让你们这么早就学习独立"而暗暗受伤。

　　"我后来想想，其实，就算我尽力，我也没有办法把所有事情都做到一百分。中年后，我当然也可以辞去所有工作，专门陪他们，每天炒菜洗衣，当他们的管家，但是我实在没有把握，自己当家庭主妇会不会发疯，而他们是否会觉得有一个全力关注他们的妈妈很棒。我只能远远传递我的关怀，在有空时飞奔去拥抱他们。现在，时间过了，他们大了。我只能安慰自己，结果，是好的，公司发展是好的，儿子是好的，我们的亲子关系是好的，而我自己也活得好好的，我的自我并没有因为任何求全而扭曲。"

她说："我要的是一个平衡的人生，也许没有每样都做到尽善尽美，但我努力求得一个平衡。"

或许这就是所谓的中庸之道，如果不想累死自己、牺牲自己，你就不要过度削减自己、耗费自己。

活得是否舒适，决定权在你自己手中。如果活得不舒适，被你所期待的人再有成就，也只不过能让你快乐几天。

如果你完全没有自己的时间，过得再繁华也很悲惨，是的，这是我现在才有的体悟。

我尽力做到妈妈可以做的部分，但有时我也会为了自己溜开一下，比如，在无人识的樱花树下写稿。

我的内心有一些空间只能自我满足。

这时我离开轨道，让自己慢下来，其实是完全忘记了原来的速度与前进方向，我享受春阳和落在键盘上的花瓣，我知道，我不太正常，而这么赏花有点疯狂。

但那就是我要的人生，属于我的慢活方式。

我曾经享受过"两岸猿声啼不住，轻舟已过万重山"的励志派工作方式，但我也有"留连戏蝶时时舞，自在娇莺恰恰啼"的悠闲心情。

掌握速度与享受人生并不相悖，指挥的棒子都在手上，看你握得好不好而已。

就看你有没有跟自己好好商量过，要用什么样的拍子进行你的生活？

我终于在中年时和自己商量好了。

莫以赌对论
英雄

有个朋友跟我说，选择应该比努力重要。

他说了个故事：

有个友人，在二十年前觉得台湾很不安全，卖了台北的小店面，全家移民到纽约。厨艺本来普通的他，为了开店刻苦学习厨艺，为了扩大生意规模，外卖随叫随送。二十年来，在路上被抢了十次，在贫民区被殴打了三次，终于攒够了一百万美元，想告老还乡，于是又把家搬回台湾。

某日他行过故居，发现原来的那栋老房子，贴着出售的广告，打电话去一问，足足要四亿，他完全崩溃了。

这二十年，想来是白做工啊！

所以，选择比努力重要。

听起来好像有点道理。但是仔细想来并不是如此，他只是在理财上赌错过，失去了"守株待兔"的发财机会，但是，如果不只是以钱财论英雄的话，他的人生多了异乡的漂泊经历，练就了一手好厨艺。光是账本的数字增长，并不能完全抹灭这酸甜苦辣的点点滴滴。

他当初选择的是更安全的环境，所以冒险到异乡去。或许他的子女得到了更开放的教育环境，就算他当初没离开台湾，也不能保证这二十年来就一直待在原来的房子里。每间房子因为每个人的考量不同，比如想换个新屋，或想换个安静不喧扰的住处，几年转手一次是寻常。就算他不出国，他可能走的路也很多。

我也看过，有人在大家不看好的状况下出了国，结果成为中华料理连锁餐厅的大老板，也有华人的第二代成为 YAHOO、GOOGLE、YOUTUBE 的大股东和创始人。

如果你的心想飞，守在原地当屋奴也是一种极可笑的方式。

如果纯粹论理财，选择与方法一样重要；如果要论人生的丰富度，选择你最想做的事并为其不断努力，才是最值得。

就连"努力"的日文成语"一生悬命"，听来也是艰辛到把命都用上了。

努力是苦的吗？一般人常常这么想。和努力相关的成语，什么悬梁刺股、卧薪尝胆、凿壁借光，听起来都有一番浓厚的苦涩味。

然后，偏偏又来告诉我们，人生啊是黄粱一梦、南柯一梦，世事一场大梦？

不能把努力当享受吗？

多年前，当我改变观念后，我自觉工作也变得可爱很多。

工作一定要跟快乐站在相对的两岸吗？如果是，那是因为你并没有太喜欢这份工作。

如果你喜欢一份工作，你自然想要靠学习让自己变得熟练，想要每一天改变一点，让自己的学习曲线越来越好。

努力当然可以当作是一种乐趣。

在努力的过程中，你找到了一个可以安身立命的位置，看到了自己的重要性，也意识到自己确实有改变人生的能力。

就算是我们天生就有兴趣的事情，没有经过后天的努力，这个兴趣最后也深入不到哪里去。

不要把努力跟苦连在一起，那是一把金光闪闪的钥匙，打开了我把工作当成乐趣的大门。

观念变了，人就变了。

我大概是到三十五岁之后，才微笑着理直气壮地坦承我是真的喜欢工作的！

四十五岁之后，我更会坦然自嘲："是啊，我是某种工作狂。"

有时有人约我吃饭，我回答"这周很忙，下周也很忙"时，总会有朋友用有点酸的语气说："你别把自己累坏了。""赚那么多钱有什么用？又没时间花。"我也习惯不做什么解释。

我的行程表很难被临时打岔，因为除了"领钟点费"（比如主持）的工作以及我自己创业的公司某些该做的工作外，还要把我想要的写作时间、旅行时间、学东西的时间、放松的看书时间以及照顾小孩时间和运动时间全部排进去。

我也把我没有真的很喜欢又很累的事推掉，比如某些座谈、演讲，某些陌生的应酬。

并不一定很"累"，有的事情非常浪漫而且是必要的生活调味剂。

我的观念是：当我把我喜欢做的事情（说工作也罢）先排进来，我的时间就不会被一些随意的插曲和不喜欢的事情打乱。

然后，不慌不忙。

延续着"中年之后，时间越来越有限"的一贯理论，我才不要把时间花在不喜欢的事情上。

我手上也有几个小投资。某些公司我只有小股份，也并非我的专业。当召开股东会时，我常选择"我不去开会，有决议麻烦再告诉我"就行了，因为我知道就算去开会，我的意见也不会重要到被采纳，而我对这家公司的经营细节也不便干涉，或者，主其事者占有大部分股权，而且是相当专业的"汉武帝"或"武则天"型人，他们本身对于经营有相当把握，并不希望我真的去讲废话。

如果我的出席只是去"秀"自己的话，我会感觉自己只像个"电子花车女郎"，还是不要去吧。

事实上，我每天睡七八小时，并没有很累，把没事做当快乐的人恐怕没办法明白这个道理。

和不是真的很投缘的人喝没有主题的下午茶，在很多人看来是一种休闲与享乐。但对我来说，跟不投机的人喝下午茶聊天，然后自己不小心变成了一个"是非传播机"，比做什么事都累。

对我来说，很多别人认为是工作的事或苦差事，在我是一种像沉迷电玩的上班族宅男，一回家就想打开电脑那般执迷的事。

这些东西并不是天生就是娱乐，而是在投入很多时间研究和练习之后，变成了像娱乐一样有吸引力的东西。

比如跑步，不喜欢的人会说"你好不容易才休息，干吗把自己搞得那么累"，其实跑完之后脑胺充足，精神十分愉悦，比躺在沙发上看电视，对我来说有休憩的效果（做我们这一行的，看电视真的会越看越紧张）。

比如读书，不喜欢的人会觉得"出社会了干吗要读书？自找苦吃？"但对于习惯读书的人而言，书的确是精神粮食。

比如写作，不习于写的，一定记得小时候被迫写作文时绞尽脑汁的情形，但像我们这种写了几十年的，就算没有人看，写了就是一种精神上的放松。

如果没有写作这个出口，我应该早就疯了。

选择当然重要，但努力从来没有不重要，只有投入自己，你的选择才会变成兴趣。

学习也是，虽然学习的最后可能常有个考试等着。比如我前不久考的咖啡师与玉石鉴定师资格证之类。有的要练利落手脚，有的要念艰深原文书，不过，因为是自己想做的，又缴了不太便宜的学费，我还真的要把通过考试当成兴趣。

我有兴趣的事情不少。既然人生只走这一遭，身为人，可以有很多学习的机会，学到就当赚到。由于现在学什么并不是为了变成"专业人士"，学了又不代表你一定要天天抽空做，所以也没有累到。

其实，连考试也可以是一种兴趣。如果你习惯通过考试，那么，你就会明白其中的窍门与奥妙。所以有些人可以胸有成竹地说："我，就是会考试！"

选择当然重要。到了中年，最惨的莫过于不能"去芜存菁"的人。

我有位友人，小我三四岁，身挂五家公司的总经理。饭从来没有准时吃过，觉也从来没有睡饱过，运动也从来没有过，十年来，我眼看着他像吹气球一般，虚胖到百公斤以上。没时间照顾家庭，后来婚姻也吹了。

不久前，他跟我说："我去做了身体检查，医生说我疑似鼻咽癌。"

我帮他打电话给父执辈一位对鼻咽癌很有研究的医生。

本来愁云惨雾，决心要改变自己过健康生活的他，在做了进一步的切片检查之后，没事了。

于是，他觉得人生也不必改变了，依然过着原来的劳碌生活。

在知道没有生命威胁后，他更加把工作承揽在身上，而他担任执行任务的每家公司，负责的业务却有天壤之别。

这几年来，他老觉得自己很倒霉，因为旗下公司偶尔会被告上法院，或者是出了公共意外，让明明可以赚钱的案子却赚不了钱，他觉得上天对他不公平。但在我看来，常是他在应该做正确决定时，没有做正确决定。比如，为了贪便宜，没有选择对顾客比较好的方式来进行，或在安全维护上闭一只眼马虎带过，或小气到不想请律师把客户条约好好拟定详加说明。

说穿了其实是因为，他太像一只忙碌到无法思考的八脚章鱼。

某一天，他又很沮丧地告诉我，他旗下的某家公司，因为股东们觉得未来业务没有发展的潜力，大家决议要清算，眼看着要失去一个工作，他抱怨着："其实，这家公司还有一些现金，我们花费也不高，再撑三年也没问题呀……"

"撑的意义何在呢？"我问他，"撑下去，多赚这三年薪水？对你的人生帮助很大吗？为了什么呢？"

我其实想说的是：如果你到中年，还看不清楚什么该舍，什么该得，每一种钱都想要赚，抱着一种多捡多好而不是把事情做好的心态，那么，最终你还是会怨叹上天对你不好。为什么这么努力，还让你失去健康，失去家庭，渐渐失去所有工作？

    然而，如今的我也越来越委婉了，我对他说："我应该跟你说恭喜，你应该把时间花在自己最想做的事情上，而不是这里也撑，那里也撑！"

    如果你真的对一件事有兴趣，我不相信，你的字典里会浮出一个"撑"字。

    选择对，努力方向也对，我们的人生不会越活越虚弱。我们也会逐渐明白，自己能做什么，又到底是谁。那些被你享受过的努力而得到的真正兴趣，酝酿了你生命中的丰盈与自在。

如何活得更好

　　"我最近生理期来，量变少了，请问医师，这个和我把饭后吃水果改成饭前吃有没有关系？"（四十八岁）

　　"请问医师，我前几天感冒去看耳鼻喉科，医生说的耳内脓包，可能要做手术？这和我二十岁前某一次跌倒，下巴碰到地上，耳朵流血是不是有关系？"（五十四岁）

　　"请问医师，我最近站久或坐久了，改变姿势，就会有眩晕感，去看过医生，说我可能是内耳有问题，可是我年轻时不会这样啊？"（五十七岁）

　　"我最近常常腰酸背痛，连走路都觉得很吃力，我觉得是因为我二十多岁时一连生了好几个孩子，没有好好坐月子就去工作了。说起我那个婆婆，她自己是女人，却对我很苛刻……"（七十岁）

最后这通电话，必须非常客气而利落地挂掉不可，否则一定会变成万里长城一样的大抱怨……

在我主持的广播节目中，有一个健康单元，邀请不同科别的医师，谈论各种医学常识。这是我听过并记录下来的几个有趣问题。

显然，大家都有一件不想承认、不想面对的事，就是"老"。

只能到处找原因。

其实，医师都坦言，就是老。你年轻时白发当然没现在多，你年轻时熬夜都不会累，你年轻时腰杆子一定挺得直……没有任何该归因的，我们的器官，就是用久了会老。

每一个人都会老，不是吗？但是从这些例子看来，要面对老，显然真不是那么容易的事。

就算我有时会自嘲"老了，老了"，但是你真的要在公众场合问我真实年龄，我会觉得那是一种恶意攻击。

我真正明白什么是老，是在四十四岁怀孕的时候。我真的很天真，以为自己一直是个健康宝宝，机能一定很健全。直到经医师提醒，四十二岁以上接受人工受孕能够顺产者只剩百分之二，我才大吃一惊："天哪，已经时不我予了吗？"

运气很好，没有受太多折腾，半年内我成功了。然而，怀孕前五个月，我还怀着我是少妇的美梦时，某一天，猪羊变色，不久就躺在床上奄奄一息，病情变化之快速使我完全"兵败如山倒"……（以上情节复杂，再提并不舒服，所以不再赘述）。产后更糟，我才体会，年轻还不是装得来的。也千万不要用"我就是很注重养生""我就是看起来不显老"来骗自己。

在我这一段受苦受难的过程中，也真的听过别人不是故意说的风凉话。当时来帮我忙的一位五十多岁的太太就说："孩子我们随便要就有了，随便生也很大只，怎么可能搞成你这个样子？"

天哪，她忘记她在三十岁前已经把好几个孩子都生完，而我生第一个孩子时已是她生第一个孩子年纪的两倍。

这是一种难以任何方式遮掩的"老大徒伤悲"。

以前念过的"少年休笑白头翁，花开能有几时红"，一定要到受到教训了，才明白其中的意思。

老了，又怎么样呢？我们又不是蜡像馆里头的假人，不动最好？

老了，不代表你要休息了。很显然，生于政府还要进行节育宣传时代的我们，又走过各式各样经济泡沫的我们，并没有办法像以前的中年人一样，安安稳稳在五十多岁时完美退休，用着想象中丰足的退休金过余生。

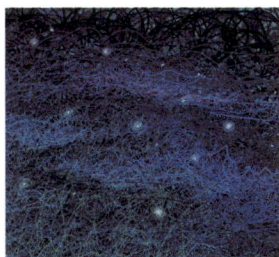

我们还真是一位知名作家所说的"奉养父母的最后一代"和"被子女抛弃的第一代"，怨尤无用，子女们面临的经济挑战和环境变化比我们更严苛，他们都自顾不暇了。环境和经济越搞越糟，我们这一代也不是没有责任的。

老，不易承认。就像我永远不想走进百货公司三楼以上的"中年妇女服"购物一样，我也死命保住自己和大学毕业时差不多的体重。我出门会化妆，以免变成黄脸婆，或让习惯看我荧幕样子的人问我："你脸色不好，是不是病了？"说真的，我还曾因没有化妆被电视台警卫挡住，问我："找哪位？"我答："我是主持人。"他还偏着头打量着问我："哪个节目？"最后，我客气地说："不好意思，我没化妆就来了。"他还打蛇随棍上，问我："那你怎么不化妆呢？"

智能手机里头的美肌美人软件，是

本世纪对中年妇女来说最好的发明，相信常自拍的人不会有什么异议。

我是个生活中粗枝大叶的人，我常想，我最该感谢我这天天要抛头露面的主持人工作的一点，就在于如果不是每天要见人，我一定邋遢得不像话，皮肤皱、眼眶深陷、眼皮往下掉到眼睛都看不见。这个圈子啊，只要比常人平均胖一点，大概就只能当谐星。而我，又不够好笑。

在留住青春上面，我只能做到"敬业乐群"。我身边的朋友展现了比我更多的"留住青春"的本能则令我叹为观止：我曾经看过初中同学在毕业三十多年后还穿着COSPLAY公主蓬蓬裙来参加聚会，脸上涂着两个圆圆的腮红，大家赞她年轻，她仍然很得意："我还跟我女儿抢衣服穿呢。"也看过比我大十岁的太太烫着金色头发，穿着朋克衣着，搭着抽丝抽到不能再抽的牛仔裤开心逛街。其实我觉得她除了注意打扮之外，是不是也该把脸和气质再弄得年轻一些。不只是女人，我身边的中年男子不乏四十五岁还是交二十五岁女友，以换女友来不断抓住青春热力的黄金单身汉。一直哀求"介绍女朋友给我吧"，若你真介绍一个三十多岁的给他，他还会不屑地说："哇，我没交过这么老的。"他永远不知道，他再怎么懂得年轻女性心理，他还是一位大叔。

青春在生理上当然是一个山丘型曲线，老就是老，我们只是尽力让自己老得好或老得好看。但我们更应该面对的不是如何养老的问题，而是如何活得更好的问题。

中年之后，阶梯还是可以继续向上。

有位前辈作家丘引女士来接受我的访问，她如今已近六十，人生过得很精彩。四十多岁时她陪女儿到美国，自己干脆也去念美国成人高中。后来竟然又进了美国大学的数学系，去研读她没有及格过的数学。她说自己是学习狂，不断地学，到处旅行，还曾临时起意到有机农场做了两个月的无酬义工，对于农牧业产生兴趣，数学系毕业后更在网上修习生物工程之类的学分。

我问她："你念了以前最头痛的数学之后，得到了什么？"

她笑说，的确没法做什么数学家，但是，本来以为只能从事"文学专业"的她，忽然懂得了一种数学的美丽逻辑，本来对她关上门的"地球另一半的学问"也对她打开门来。现在她想修习什么，想读什么，都没太大问题。至今她仍优雅地带着计算机，一有空就开始让自己"上课"。

她说得很好。不为什么。年轻时候的学习，常是不得不，常是为了得到一种专业，通过一种谋生技能的检定；中年之后的学习，可以单纯而愉悦，就是为了满足自己，窥知自己这短暂一生中可以明白的宇宙间奥妙的可能。

我的父亲在中年后也比他年轻时"猛"。六十三岁时他还作为代表参加了在印度举行的世界杯一千六百米接力，得到铜牌。天知道，他当了五十多年的文弱书生，年轻时体力一向不行。

老了，就是老了。没错，但是不要对自己说丧气话，也最好无视于他人对年龄的打击。如果要的是中年后人生还能像阶梯式成长，能站在我们既有的知识基础上更上一层楼，那么，我们永远没有理由对自己说："老狗学不了新把戏！"

当我仍愿敞开心扉学点东西，而不是每天拿过往无可查证的历史在吹嘘时，我知道，我还在一阶一阶往上走，宇宙的门还没有对我关上。虽然，我想走的路永远不是我能够完全走完的……

人生中看似微不足道的小决定，一个不按牌理出牌的逃脱，
竟然可以有那么强大的意义，不知不觉让轨道转了个大弯。

事到如今，何其有幸，可以尽其在我，

耐心地，听从自己的声音、按照自己的方式走下去。